Karl Mohs

Backofenbau

Die Entwicklung des Backofens vom Backstein zum selbsttätigen Backofen

REPRINT – VERLAG
LEIPZIG

Die zum Teil geminderte Druckqualität ist auf den
Erhaltungszustand der Originalvorlage zurückzuführen.

Bibliografische Information Der Deutschen Bibliothek
Die Deutsche Bibliothek verzeichnet diese Publikation in der Deutschen Nationalbibliografie; detaillierte bibliografische Daten sind im Internet über http://dnb.ddb.de abrufbar.

Volker Hennig, Goseberg 22-24, 37603 Holzminden
www.reprint-verlag-leipzig.de
ISBN 3-8262-1317-3

5. Reprintauflage der Originalausgabe von 1926
nach dem Exemplar des Verlagsarchives

Lektorat: Andreas Bäslack, Leipzig
Gesamtherstellung: Westermann Druck Zwickau, GmbH

Die Entwicklung des Backofens vom Back-Stein zum selbsttätigen Backofen

Eine kulturgeschichtliche Studie

von

Dr. KARL MOHS
Privatdozent an der Technischen Hochschule
zu Darmstadt

1926
STUTTGART-CANNSTATT

VERLAG VON WERNER & PFLEIDERER

Liebe Freunde, es gab schönre Zeiten
Als die unsren, dies ist nicht zu streiten,
Und ein edler Volk hat einst gelebt!
Könnte die Geschichte davon schweigen,
Tausend Steine würden redend zeugen,
Die man aus dem Schoß der Erde gräbt.

Schiller, An die Freunde.

Vorwort

Während meiner Tätigkeit als Abteilungsvorsteher an der Versuchsanstalt für Getreideverarbeitung in Berlin und als technischer Leiter der Versuchsbäckerei hatte ich die Aufgabe, bei den an der Anstalt stattfindenden Fachkursen für Bäcker unter anderen einen Lichtbildervortrag über die Entwicklung des Backofens zu halten. Der allmählich immer weiter fortgeführte Ausbau dieses Vortrages veranlaßte mich, diese Ausführungen in einer Studie über die Entwicklung unseres Backofens, vom Back-Stein des Urmenschen ausgehend, niederzulegen. Es war meine Absicht, die in vielen kulturgeschichtlichen und technischen Werken sich verstreut findenden Angaben und Beschreibungen des eigentlichen Backgeschirres früherer und neuester Zeiten in einer einheitlichen, folgerichtigen Entwicklungsgeschichte zusammenzufassen. Ich will daher nur die äußere, mehr und mehr fortschreitende technische Gestaltung des Backofens behandeln. Alle chemischen und physiologischen Vorgänge, die sich im Innern des Backraumes bezüglich des Werdens und der Gestaltung des Gebäckes vollziehen, ebenso die während des Backens technisch notwendigen Arbeitsverfahren sind in mehreren Werken erläutert worden. Auch in diesen, das Gebiet der Brotbereitung umfassenden Werken, ist den Backöfen meist nur ein kurzgefaßtes Kapitel gewidmet, so daß ich in meiner Absicht nur bestärkt wurde und diese mit den vorliegenden Ausführungen in die Tat umsetzte.

Es ist eine Reihe von Jahrtausenden vergangen, ehe man überhaupt von einem Backofen sprechen kann, während welcher Zeit der Mensch in der Asche oder mit Hilfe des Back-Steines sein Hauptnahrungsmittel bereitete. Man kann daher während dieser Zeit nur von einer Entwicklung des Brotes an sich sprechen. Der erste Teil meines Werkes befaßt sich somit ausführlich mit allen den Umständen, die eine Entstehung des Brotbackens bedingten und die zur Bereitung des Brotes führten. Auch die Arten der mannigfaltigen Brotbereitung verschiedenster Völker, mit den sich daraus ergebenden wirtschaftlichen Verhältnissen, fanden in diesen Blättern Raum.

Es sei mir an dieser Stelle gestattet, der Firma Werner & Pfleiderer, welche die Herausgabe des Werkes übernommen und mein Vorhaben in jeder Weise gefördert hat, meinen verbindlichsten Dank auszusprechen.

Frankfurt a. M., 1922

Der Verfasser

Die dritte Auflage unseres Backofens geht in die Welt hinaus. Mit meiner Freude über das Interesse, welches das Werk gefunden hat, begleitet sie der Wunsch, daß die Geschichte des Backofens immer mehr und mehr in den Kreisen der Bäcker, Brotfabrikanten und Mehlspezialisten Eingang finden möge. Wie der kulturell hochgezüchtete Sauer allmählich den gesamten Teig durchsäuert, so möge meine kulturhistorische Studie die Bäckerwelt durchdringen, damit die Erforschung ihres Gewerbes die Achtung vor seiner jahrtausendalten Geschichte und damit die Lust und Liebe am Bäckerhandwerk immer wieder erneuere.

Frankfurt a. M., 1926

Der Verfasser

Inhaltsübersicht

I.
Urzeit

Abgesehen von den Sagen eines paradiesischen goldenen Zeitalters, da die Erde den bedürfnislosen und sorgenfreien Menschen freiwillig alles bot, was sie zum Leben brauchten, Sagen, in denen sich die Sehnsucht später schwergetragener Zeiten widerspiegelt, ist der Mensch gezwungen gewesen, seiner Nahrung nachzusuchen und sich das Gefundene zum Genusse selbst zu bereiten.

Wann der Mensch auf die Erde kam, ist eine Frage, bei deren Beantwortung der Menschen Witz stets erlahmen und die wohl immer unbeantwortet bleiben wird.

a) Rohe Früchte als Nahrung

Will man die Forschungen bei dem Urmenschen beginnen, so muß man in geologische Zeiträume zurückgehen, gegen deren nur nach Lichtzeit zu messende Äonen selbst Jahrtausende als eine verschwindend kurze Zeitspanne erscheinen. Wahrscheinlich ist der als Eozän bezeichnete Abschnitt des älteren Tertiär in der Geschichte unseres Planeten als jene Zeitspanne zu betrachten, in welcher der Affenmensch erschien bzw. wo sich aus einem affenähnlichen Geschöpf durch fortschreitende Vervollkommnung jenes hochbegabte und körperlich hochentwickelte Wesen, der Mensch, herausbildete. Die fünf bis sechs Jahrtausend umfassende geschichtliche Epoche der Menschheit erscheint nur als ein winziger Bruchteil der Gesamtgeschichte des Menschengeschlechtes. Mehrere Hunderttausende von Jahren waren bereits verflossen, seit der Troglodyte (Höhlenmensch) der Steinzeit aus Feuerstein seine ersten Werkzeuge und Waffen herstellte. Die über die ganze Erde verstreuten vorgeschichtlichen Steinwaffen und Jagdgeräte, aufgeschlagene und von menschlichen Zähnen benagte Tierknochen machen es zur Gewißheit, daß der Mensch, solange er weder Viehzucht noch Ackerbau kannte, auf die Jagd als hauptsächlichste Quelle seines Lebensunterhaltes angewiesen war. Hunderttausende von Jahren hat er auf dieser niedrigsten Kulturstufe verbracht, sich beinahe nach Art der Tiere von Baumfrüchten, Nüssen, Knospen, Blättern, Knollengewächsen, Zwiebeln, eßbaren Wurzeln, Gräsern und niederem Getier wie Fischen, Muscheln, Schnecken,

Termiten, Käferlarven, Eiern, Heuschrecken, Eidechsen und Fröschen nährend, alles in rohem Zustande genießend.

Die Anlage des Gebisses des Urmenschen läßt erkennen, daß es ursprünglich nur zum Zermalmen von Pflanzenkost geschaffen war.

Bei primitiven Völkern, ja zum Teil bei höher entwickelten Völkerschaften, dienen rohe Früchte noch jetzt fast zur ausschließlichen Befriedigung des täglichen Nahrungsbedürfnisses. Die Hottentottenfeige und die Erdmandel dienen den Buschmännern Südafrikas, wenn ihnen das Jagdglück abhold ist, wochenlang als einzige Nahrung. Eine tropische Pflanzenfamilie, die Artokarpeen oder Brotfruchtbäume, die in ungefähr 200 Spielarten vorkommt, mag hier nicht unerwähnt bleiben. Diese milchsaftführenden Holzpflanzen, die halbwild wachsen oder einer eigenen Kultur unterworfen werden, bilden zweimal im Jahr stark fleischige Fruchtstände von 2 bis 4 kg Schwere aus, die eßbar sind, ähnlich den auf Bäumen wachsenden Feigen, deren Früchte aus dem krugförmigen, fleischigwerdenden Blütenboden hervorgehen.

Die Früchte der Brotbäume haben die Gestalt eines Kürbisses; sie sind etwas länglichrund und von der Größe eines Kinderkopfes. Man ißt die Frucht in Stückchen geschnitten, die man auf einem Rost braten läßt und die so eine Art Kuchen ergeben. In Sumatra läßt man solche Fruchtschnitten trocknen und ißt sie als Brot.

Es ist wohl allgemein bekannt, daß bei den Beduinenstämmen Nordafrikas die Dattel, roh gegessen, ein Hauptnahrungsmittel darstellt und zur Bereitung vieler Speisen durch Mischung mit anderen Früchten und Säften Verwendung findet.

b) Erste Feueranwendung

Aus den Gebissen in späterer Zeit gefundener alter Schädel ist zu erkennen, daß die Zähne gewohnt waren, auch Tierfleisch zu zerkleinern. Mit der Verwendung des Fleisches zur Ernährung geht jedenfalls die Nutzanwendung des Feuers nebenher.

Vor seiner Mündung in den Neckar bei Neckargmünd durchfließt das Flüßchen Elsenz ein Stück eines alten Neckarlaufs, in dessen Sanden 1907 bei dem Örtchen Mauer etwa 24 Meter unter der heutigen Oberfläche ein menschlicher Unterkiefer gefunden wurde. Das Gebiß des Unterkiefers kann von dem eines primitiven Menschenaffen abgeleitet werden. Eine ganze Gruppe der Menschenform des Homo primigenius bezeichnet man als Neandertalrasse. 1857 wurden von Fuhlrott in einer Kalkhöhle der zwischen Düsseldorf und Elberfeld gelegenen Neandertalschlucht, wenige Jahre später in einer benachbarten Höhle, in der „Teufelskammer", und 1901 bei Krapina in Kroatien neben den Überresten von ungefähr 10 Diluvialmenschen Mammut-, Nashorn- und andere Tierknochen gefunden, die zum Teil starke Verkohlungsspuren, als auch angebrannte Stellen aufwiesen. Neben den Feuerspuren zeigenden Knochen kommen auch Stücke von Muschelkalk vor, die zu Böden und Seitenwänden der Feuerstellen verwendet waren und die durch die Einwirkung der Hitze rötlich und hart geworden sind.

Weitere Entdeckungen fossiler Menschenreste fallen in das Jahr 1701, als auf Befehl des Herzogs Eberhard Ludwig von Württemberg in der Nähe von Cannstatt an einer Stelle, an der sich vordem eine römische Niederlassung befunden hatte, Ausgrabungen vorgenommen wurden. 1774 fand Pfarrer Esper in den Knochenhöhlen der fränkischen Schweiz Knochenreste vorgeschichtlicher Menschen.

Von den weiteren Ausgrabungen bei La Naulette in Belgien, in der Sipkahöhle von Ochos in Mähren, bei Gibraltar, in einer Höhle bei Spy in Belgien, Le Moustier, La Chapelle aux Saints und in unserer engeren Heimat, so bei Westeregeln, Taubach, Blaubeuren und Riedlingen, der Lindentaler Höhle bei Gera, den Travertin-Gruben bei Weimar und der Ofnet im bayrischen Ries bei Nördlingen, sind die in Achenheim gefundenen Feuergruben der Diluvialmenschen hervorzuheben.

In der gelbrotbraunen Masse des Achenheimer Lößes bemerkt man zahlreich eingestreute Holzkohlenspuren, verbrannten Lehm und kleine Gruben von $^1/_3$ m Durchmesser und $^1/_4$—$^1/_3$ m Tiefe, in welchen Kohle und rotgebrannter Lehm besonders stark vertreten sind. Es waren dieses mit irgendwelchen spitzen Instrumenten ausgescharrte Erdlöcher, in denen das Feuer als Herd- und Wachtfeuer seine Dienste leistete. Aus alledem geht hervor, daß die in der älteren oder paläolithischen Eiszeit lebenden Diluvialmenschen bereits die segenspendende Wirkung des Feuers gekannt haben.

Der Sonnenkult, den wir als ersten Gottesglauben unter Kulturvölkern antreffen, läßt den Schluß berechtigt erscheinen, daß durch Selbstentzündung einer in heißer Sonnenglut liegenden Steppe der Mensch mit dem Feuer bekannt wurde. Vielleicht war es auch die elementare Gewalt des Gewitters, der zündende Blitzstrahl, der dem Urmenschen zunächst die verheerende Kraft des Feuers offenbarte. Es unterliegt weiter keinem Zweifel, daß zwischen jenem Zeitpunkte, als der Mensch mit Hilfe der besagten Naturereignisse in den ersten

Besitz des Feuers gelangte, und jener Zeit, als er mit Hilfe des zu schlagenden Feuersteins oder zweier aneinander geriebener Hölzer eine Methode zur selbständigen Herstellung desselben anzuwenden lernte, um die Feuersgewalt als helleverbreitendes und wärmespendendes Herdfeuer zu bemeistern, wieder Jahrtausende gelegen waren.

Erst mit dem Anbruch der jüngeren Steinzeit, etwa vor 15000 Jahren unserer Zeitrechnung, tritt die Jagd allmählich hinter der Viehzucht und dem Ackerbau zurück.

Erst von der Zeit an, da der Mensch lernte, sich das Feuer zur Bereitung und Vervollkommnung seiner Nahrungsmittel nutzbar zu machen, kann man eigentlich von einem Kulturbeginn in unserem Sinne sprechen, der damit einsetzte, daß die wildwachsenden Früchte durch Trocknung haltbar und dadurch geeignet gemacht wurden, für längere Zeit als Vorrat aufgespeichert zu werden. Das Rösten der stärkehaltigen Fruchtarten über offenem Feuer läßt schon eine Behandlung erkennen, die sowohl auf eine Erhöhung der Schmackhaftigkeit als der Verdaulichkeit der Rohstoffe hinarbeitete. Was insbesondere die Verwertung pflanzlicher Nährstoffe für den Haushalt des vorgeschichtlichen Menschen anbelangt, so erscheint das Rösten der Getreidekörner als die erste und einfachste Art der Zubereitung pflanzlicher Stoffe. Zur Röstung des Getreides wurde der Mensch durch den Gedanken veranlaßt, daß durch diesen Prozeß das Herauslösen der mehlhaltigen Früchte aus den Gräsern erleichtert würde. Auf den Hebriden war noch im Anfang des 18. Jahrhunderts dieser Gebrauch, das Korn aus den Ähren herauszubrennen, vorherrschend. Die Annahme, daß es die Frau war, die zuerst von gewissen Gräsern die Samen sammelte, um dieselben für Zeiten eintretenden Mangels aufzubewahren, hat vieles für sich.

Abb. 1. Feuerbohrender Mexikaner.

c) Backstein

Bei wenig fortgeschrittenen Völkern finden wir noch heute häufig die Anwendung dieses Röstprozesses zur Bereitung der Hauptspeise. So dienen die gerösteten Bananen und Bataten den Bewohnern der Länder tropischer Zonen zur hauptsächlichsten Nahrung.

Auf den Südseeinseln, wo allerdings manche Pflanzenprodukte den Eingeborenen fast unmittelbar in den Mund wachsen, betreiben die Insulaner des Bismarckarchipels den Anbau der Yams- und Taroknollen als die wichtigsten Kulturpflanzen dieser tropischen Inseln. Yams (Dioscorea) oder Igname werden in kleinen Stecklingen gesetzt und die fleischigen, mehlreichen Knollen werden nach 7monatlichem Wachstum $1\,{}^{1}/_{2}$ m lang, 1 m breit und haben ein Gewicht von 40 bis 50 kg. Man kann diese Yamsknollen unbeschadet des tropischen Klimas als Eßvorrat ein halbes Jahr aufbewahren. Die Yamsknollen

Abb. 2. Tarobrotbereitende Negerinnen.

sind in rohem Zustand genießbar. Auch wird die in Scheiben geschnittene Knolle getrocknet und das Trockengut zu Mehl vermahlen. Die frische Taroknolle (Colocasia antiquorum) enthält einen Stoff, der bei einem scharfen Geschmack ein unangenehmes Kratzen im Halse erzeugt. Um ihn zu beseitigen, wird die Knolle geröstet oder gekocht, wobei das Kochwasser mehrfach erneuert wird. Manche Arten der Knollen haben auch einen süßlichen Geschmack und sie können als Kartoffelersatz gebraucht werden. Geschabte oder zerstampfte Taroknollen, auch vermischt mit Kokosnuß, werden zu Kuchen geformt, in Blätter eingewickelt und zwischen heißen Steinen gebacken. Die Abbildung zeigt Tarobrotkuchen bereitende Negerinnen, die auf einer aus kleineren Steinen hergestellten Unterlage Feuer angefacht und den großen Stein erhitzt haben, der als eine Art Backhaube wirkt.

In den indischen Inselreichen und auf dem amerikanischen Festlande sind geröstete Maiskolben auch heute eine bevorzugte Speise.

Es bedeutet dieser Feuergebrauch im Leben der Menschen ein hochwichtiges Moment, das dazu beitrug, die bisher weniger geachteten Gräserfrüchte zu genießbaren, ja begehrenswerten Produkten zu gestalten. Es entwickelte sich aus diesem Begehren die Kultur der Gräser oder der systematische Anbau der Getreidepflanzen, mit denen der Anfang eigentlicher Brotbereitung unzertrennlich ist.

An welchem Orte unseres Planeten die Mutter Erde zum Zwecke des Getreidebaues zum erstenmal aufgegraben wurde, ist unbekannt. Anzunehmen ist, daß wir die systematische Kultur der Kornpflanze den Chinesen verdanken, die schon vor 5000 Jahren den Weizen kannten. Was die wichtige Frage der Urheimat des Weizens und der Gerste anbelangt, so kam nach Berosus das ersterwähnte Getreide in der Gegend des früheren Babylon wildwachsend vor, eine Angabe, die von Olivier und André Michaux bestätigt und zugleich auf die Gerste ausgedehnt wurde.

Die Anfänge der Kultur unserer Brotpflanzen sind in Dunkel gehüllt. Der Weizen ist die Getreideart, von der uns durch die geschichtliche Überlieferung die meisten Daten überkommen sind.

Der Ackerbau fesselt den Menschen ganz an die Scholle und er bedeutet den vollständigen Bruch mit der bisherigen Lebensweise. Sind die Feldfrüchte und das Brot erst einmal gebraucht, so kann sie der Mensch nicht mehr entbehren.

Die Seßhaftigkeit und damit der Anfang der Staatenbildung gründen sich auf den kulturellen Anbau der zur Brotbereitung notwendig und geeignet erscheinenden Pflanzen. Der Aufbau der zur Bereitung des Brotes notwendigen Feuerstätten geht mit der planmäßigen Zucht der Getreidearten Hand in Hand.

Das Backen auf heißen Steinen oder in heißer Asche wurde von Völkerstämmen, die ein Nomaden- und Wanderleben aufgaben und aus Höhlen oder schirmartigen Zelten in die ersten freistehenden Behausungen und Pfahlhütten einzogen, die also seßhaft wurden, bald aufgegeben. Aus roh behauenen Steinblöcken oder weiter aus gebrannten Lehmsteinen wurden die ersten Feuerstätten auch zur dauernden Erbackung des Hauptnahrungsmittels gefügt.

Als man mit dem Aufkommen des Hackbaus Vorräte von Getreidekörnern anlegte, die stark austrockneten, war es geboten, die hartgewordenen Körner ohne Aufweichen im Wasser zwischen Steinen zu zermalmen.

Hatte das Weib des Urmenschen die Samen der wildwachsenden Gräser zwischen zwei rohen Steinen zermalmt, so kamen mit der Ausbeutung des systematischen Ackerbaues auch besondere Vor-

Abb. 3. Primitive Mahlsteine der Urmenschen.
Reibstein aus rotem Sandstein. Aus dem Gräberfeld bei Monsheim.

richtungen für das Zerquetschen oder Zerreiben der Körner in Gebrauch. Unter den Kulturresten vorgeschichtlicher Siedlungen, die zweifellos bis weit in die noch mit den Metallen gänzlich unbekannte Steinzeit zurückreichen, hat man bereits Handmühlen ge-

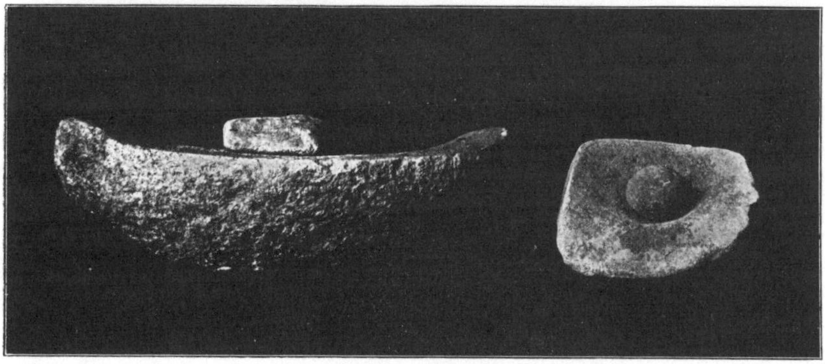

Abb. 4. Vorgeschichtliche Handmühlen.

funden, die in mehr oder minder vollkommener Weise ein Zermahlen der geernteten Frucht ermöglichten.

In den ältesten Pfahlbauten der Schweizer Seen hat man rohgearbeitete Steinmörser, neben Mahlsteinen, gefunden, in denen nach Art eines Mörsers auf einer ausgehöhlten, steinernen Unterlage ein Kiesel oder Reibstein, an dessen Seiten gewöhnlich Vertiefungen für die Hand des Reibenden vorgesehen waren, hin- und herbewegt wurde. Das Zerquetschen des Getreides zwischen Steinen und das Zerstoßen desselben in einem Mörser gehen zeitlich nebeneinander her.

Allmählich entwickelte sich aus diesen Anfängen der Zerkleinerungsvorrichtungen die eigentliche Handmühle mit dem feststehenden,

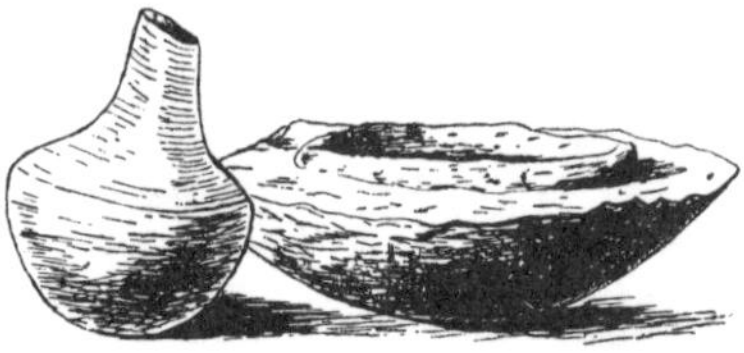

Abb. 5. Getreidemörser der Südsee.

schwach kegelförmigen Bodenstein und dem über diesem gedrehten Läufer.

Die zu Mehl verriebenen Körner wurden mit Wasser angerührt als Brei genossen.

Der aus dem Schrot gewonnene Brei verdickte sich allmählich zum Teig, der wahrscheinlich auf zunächst nur durch die Sonnenbestrahlung erhitzten großen Steinen geröstet wurde.

Abb. 6. Altägyptischer Backofen.

Die Abbildung stellt einen „Backofen“ dar, wie er noch heute in Oberägypten im Gebrauch ist. Ein aus Lehmziegeln gebautes, großes Gemäuer speichert durch die dauernde Sonnenbestrahlung eine große Menge von Wärme in sich auf. Die ungesäuerten, auf Holzdeckel gelegten Brotfladen werden ohne weiteres durch die sie direkt treffenden Sonnenstrahlen und die ausstrahlende Wärme des „Backofens“ „ausgebacken“, während die Frauen durch das Wehen ihrer Tücher nur für die Fernhaltung lästiger Insekten zu sorgen haben.

In nördlichen Zonen ersetzte man die Sonnenwärme durch Feuerbrände, die man auf der Oberfläche großer Steinblöcke abbrennen ließ, um dadurch die künstliche Erhitzung der Unterlage herbeizuführen.

Weizen und Hirse sind anscheinend einst ausschließlich zur Brotbereitung verwendet worden, denn in der neueren Steinzeit und sogar zur Metallzeit wurde nach Os. Heer aus Gerste noch keinerlei Brot hergestellt. Nach seinen 1860 ausgeführten wissenschaftlichen Untersuchungen der aus den schweizerischen Pfahlbauten stammenden Getreidereste stellte Heer fest, daß dieses so überaus häufig kultivierte Getreide stets nur geröstet gegessen worden ist. Erst durch das Rösten wurden die Grannen brüchig und ließen sich entfernen, was sonst auf keine andere Weise möglich war.

Das erste Brot Mitteleuropas taucht in den ältesten Ansiedlungen der Schweizer Pfahlbauern in Wangen und Robenhausen auf. Im Jahre 1845/55 wurden zum ersten Male die Reste von Pfahlbauten im Züricher See gefunden, die sich als Wohnstätten vorgeschichtlicher Menschen herausstellten. In fast allen schweizerischen Seen haben sich Pfahlbauten, die einer Zeitspanne von mehreren tausend Jahren angehören, feststellen lassen. Die zahlreichen Funde im Schlamm der einzelnen Seewässer entrollen ein Bild dieser Periode der Pfahlbaukultur, die uns die Gewißheit hinterlassen hat, daß neben der Viehzucht und den Erträgen der Jagd der Ackerbau eine jener Hilfsquellen gebildet hat, aus denen die älteren Bewohner der Schweiz ihre Unterhaltungsmittel bezogen haben. Die Reste gerösteter und verkohlter Getreidekörner, die in zahlreichen Pfahlbaudörfern gefunden wurden, und die in Südbayern noch jetzt vorkommenden Getreidearten lassen erkennen, daß zu jener Zeit der Igel- oder Binkelweizen (Triticum vulgare L. var. compactum), der Pfahlbau-Emmer (Triticum amylum Seringe), der Spelz (Triticum spelta), das Einkorn (Triticum monococcum L.) und die kurzährige Sechszeilgerste (Hordeum hexastachion L. var. densum), das Hordeum sanctum der Alten, gebaut wurden.

Das Auffinden gerösteter Getreidekörner in den Pfahlbaudörfern läßt Dr. L. Lidinger im „Kosmos" die Vermutung aussprechen, daß die Pfahlbauer schon den Gofio gekannt hätten, wie er noch heute auf Teneriffa bereitet wird. Gofio ist zunächst nichts anderes als gerösteter und dann gemahlener Weizen. Nach dem Auslesen der Verunreinigungen wird der Weizen auf einer flachen Tonschale unter häufigem Umrühren mit einem am Ende mit einem Lappen umwickelten Holzstab hellbraun geröstet und während des

Röstens etwas Salz darüber gestreut. Je nach der Beschaffenheit der benutzten Mühle stellt der Gofio ein mehr oder minder feines Pulver dar, das die gesamte Kleie enthält und das sofort eßbar ist. Auf den kanarischen Inseln knetet man das trockene Pulver mit etwas Wasser und Salz in einem eigens dazu aus der Haut einer jungen Ziege gefertigten Sack zu einer steifen bröckeligen Masse, die in eine den süddeutschen Kipfeln ähnliche Form gebracht, an Stelle von Brot gegessen wird. Maurizio berichtet, daß von den Slaven und Litauern ein gleiches Gerät zum Backen in der Glut der Asche benutzt wird. In einer Minute ist das Gebäck gar und die Pfanne wird mit dem hierzu hergerichteten Stiel aus der Glut genommen.

Abb. 7. Gerät zum Bereiten des Gofio.

Daß aber die Pfahlbauern auch bereits Brote in Form ungesäuerter Fladen auf Backsteinen gebacken haben, geht aus einer großen Reihe von Funden hervor.

Heer sagt, daß die Weizenkörner stark zerrieben, mit Wasser zu Teig angemacht und dieser auf heiße Steine gelegt wurde. Im gleichen Sinne drückt sich Hoops aus. Maurizio beschreibt an Hand der Bruchstücke gefundener Pfahlbaufladen, wie diese auf den Steinen haben aufliegen müssen, wie sich der Rand derselben vom Stein abhob, und wie einzelne Höcker durch das Herabfließen des Teiges über den Rand des Steines entstanden.

Von den vorgeschichtlichen Broten der Pfahlbauperiode wurden zahlreiche Reste und einige gut erhaltene Exemplare gefunden. Diese Brote waren in der Regel rundliche, ganz niedere, ungefähr zwei Finger dicke Scheiben von 10—15 cm Durchmesser und 15—22 mm Höhe.

Ein mehr längliches Gebäck hatte bei einer Dicke von 3,7 cm einen Durchmesser von nur 12—15 cm, es hatte die ungefähre Form eines Zwiebacks. Die speziell auf Robenhausen gefundenen Brote sind dadurch interessant, als sie, neben dem Weizen und Hirsemehl als Hauptmengen, Mohnsamen (Papaver somniferum) und Flachssamen (Linum augustifolium) enthalten. Es ist wahrscheinlich, daß diese Samenarten den Brotkuchen als besondere Würze beigemengt wurden.

Der einzige in der Schweiz erhaltene völlig intakte Pfahlbauerfladen befindet sich im Museum von Yverdon. Er ist kreisrund mit einem Durchmesser von 10 cm und einer Dicke von $2\frac{1}{2}$ cm. Das Brot hatte die Form runder Fladen und es wurde auf heißen Steinen gebacken, und zwar gewöhnlich auf den runden Steinen des Steinkochers oder den zum Mahlen des Getreides verwendeten Steinen. In der Steinzeitansiedlung von Stützheim fand Forrer mehrere derartige B a c k s t e i n e aus Granit, die deutliche Spuren der Feuerwirkung zeigten und die beim Herausheben aus der Herdgrube sofort zerfielen.

Abb. 8. Rekonstruktion einer Pfahlbauhütte.

Das Gesamtgewicht der in Robenhausen gefundenen Brote schätzt J. Hoops auf etwa 8 Pfund. Im frischen Zustande mag die Menge etwa 40 Pfund gewogen haben.

Auch im etwas jüngeren ostalpinen Pfahlbau des Mondsees wurden die Reste einer zweifellos Getreidekörner enthaltenden verkohlten Masse gefunden. Die ungefähr 4—5 cm dicken Stücke dürften wohl ursprünglich zu Fladen geformt gewesen sein. Diese Fladen sind ebenfalls aus Weizen hergestellt, so daß sich hieraus ihre Zugehörigkeit zum schweizerischen Brote ergibt. Die rundlichen Fladen der Pfahlbauer sind auf der oberen Seite ganz unregelmäßig runzelig, auf der unteren Seite dagegen, wo sie auf dem heißgemachten Stein auflagen, glatt und hohl. Es wird angenommen, daß jene prähistorischen Steine resp. Fladen wahrscheinlich mit Asche bedeckt wurden, wie heute noch die Araber und manche andere Völker in der Asche backen.

Prof. Rütimeyer, Basel, hat in seinem Werk „Urethnographie der Schweiz“ unter dem Kapitel „Archaistische Backmethoden in der Schweiz“ eine Beschreibung der nachgeahmt-altertümlichen (archaistischen) Backarten gegeben, wie sie als prähistorische Überbleibsel noch heute in der Schweiz ausgeübt werden und wie er solche in seinen hierauf gerichteten Forschungsreisen fand. Rütimeyer erzählt, wie in Foroglio im Val Bavona ein Mädchen auf seine Frage nach dem Gebrauch des Kastanienmehls einen Fladen aus $^1/_3$ Kastanienmehl und $^2/_3$ Roggenmehl bereitete. Nachdem es zuerst in einer Holzschüssel einen Teig mit Wasser hergestellt hatte, breitete es denselben auf einen im Herdfeuer rot erhitzten flachen Stein aus und so entstand in ca. $^1/_2$ Stunde ein richtiger Brotfladen ohne Zusatz eines Gärungsmittels, schön knusperig gebacken, der vortrefflich schmeckte.

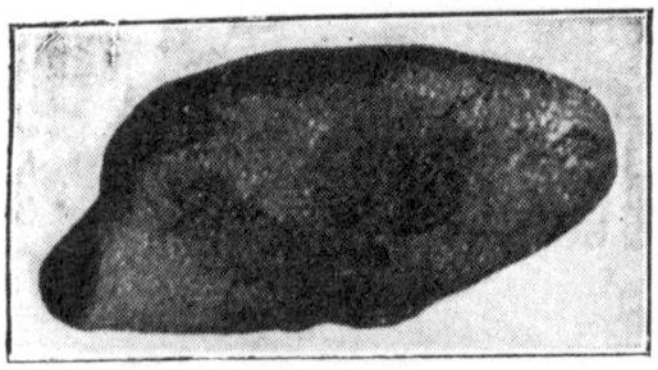

Abb. 9. Focaccia, Fladen aus Kastanien- und Roggenmehl, Bavonatal.

Dieser Fladen (focaccia) war längsoval (28 : 17 cm), stark fingerdick, die Oberfläche flach gewölbt, die Ränder nicht aufgeworfen, die Unterfläche völlig eben.

Solche Backsteine werden in Ortschaften, wo ein öffentlicher Ofen ist, nur zur Herstellung der focaccia aus Kastanienmehl benutzt; in solchen, wo kein Bäcker existiert, wie in San Carlo (Bavonatal), zumal im Winter, wo das Dörflein durch den Schnee abgeschnitten ist, wird auch das gewöhnliche Brot auf diesen Steinen gebacken. Die Steine selbst bestehen aus einem gneisartigen Glimmerschiefer. Ein größerer hat ein Gewicht von 20 Kilo. Sie sind viereckig, die Dimensionen sind beim einen 33 : 41 cm, die Dicke 5 cm, beim andern 28 : 39 cm, bei 4 cm Dicke. Die Oberfläche, auf der gebacken wird, ist völlig glatt, die Unterfläche beim einen etwas konvex. Beide weisen auf der Unterfläche, der eine 4, der andere 6 eingeschnittene Kerben auf (8—13 cm lang), die dazu dienen, den heißen Stein mit dem Brotfladen zum Durchbacken schräg in den Kerben mit Holzstückchen gestützt, gegen das Feuer zu stellen. Der verwendete Stein heißt piòda, womit im Lombardischen die „Steinplatte“ bezeichnet wird.

Wie Rütimeyer an Ort und Stelle vom Eigentümer eines solchen Backsteins mitgeteilt wurde, wird dieser sowohl auf den Alpen wie im Grund des Bavonatales noch allgemein gebraucht. Der Stein wird, nachdem er im Herdfeuer stark erhitzt wurde, mit einer Bürste aus Birkenzweigen gut gereinigt, worauf der angerührte Brei oder Teig aus Kastanien- oder Roggenmehl oder einem Gemisch beider, gleichmäßig in Fladenform auf den Stein ausgebreitet wird. Der Teig wird seinerseits nicht mit Asche bedeckt, sondern bleibt bloß der Hitze des Steines von hinten und derjenigen des Herdfeuers vorn ausgesetzt. Der Stein, der zuvor bis zu Glühhitze erwärmt, lange seine Hitze behält, wird um seine

Abb. 10. Piòda, Backstein für die focaccia, Cavergno, Val Bavona. Museum für Völkerkunde, Basel.

vier Kanten gedreht, indem, wie erwähnt, in die Kerben der Rückseite Holzstücke gesetzt werden, die ihn in einem Winkel von 45^0 zum Boden gegen das Feuer gekehrt halten. Durch dieses Drehen soll ein überall gleichmäßiges Durchbacken des schön gebräunten Brotfladens ermöglicht werden.

Wir hätten also hier eine Art der Brot- resp. Fladenbereitung, wie sie bei vielen Naturvölkern noch vorkommt und wie sie wörtlich für diejenige der Pfahlbauer geschildert wurde.

In einem unweit Schussenried gelegenen Torfmoore, dem alten Schussenweiher, das die alte Stelle eines flachen ausgetrockneten Binnengewässers einnimmt, wurde 1866 eine auf einem Pfahlbau ruhende, noch teilweise gut erhaltene Steinzeithütte entdeckt. Diese Hütte war in zwei Räume geteilt. In der Ecke des ersten Raumes wurde ein aus Steinen gepflasterter Haufen gefunden, der die Reste eines ehemaligen Herdes mit offenem Feuer darstellt. Neben rauchgeschwärzten Herdsteinen und Brandspuren fanden sich Kohlenreste und Ascheplatten. Man muß sich diesen Herd aus größeren Sandsteinplatten und Schieferstücken zusammengesetzt vorstellen. Die Fugen waren mit Lehm verpicht. Zur Sicherung der Hütte gegen Feuersgefahr war der ganze Herd mit einer Flechtwerkwand umgeben, die mit Lehm innen und außen verkleidet war, und somit auch gegen starken Luftzug Schutz bot.

Konservator Sulzberger fand im Pfahlbau bei Thayngen tönerne Backteller. Sie wurden, wie die meisten hier gefundenen, der Michelsberger Kultur entsprechenden Keramik, jedenfalls an Ort und Stelle fabriziert. Nach einer freundlichen schriftlichen Mitteilung von Herrn Sulzberger an Professor Rütimeyer und dessen

Abb. 11. Tonteller-Fladen-Backgeschirr.

eigener Anschauung möge über diese interessanten Objekte hier bemerkt sein, daß 7 ganze und Bruchstücke von etwa 20 solcher Backteller vorliegen. Sie sind rund, von einem Durchmesser von 20—25 cm, aus Ton gebrannt und meistens am Rand mit Eindrücken ornamentiert. Auf der einen Seite der Platte ist meist ein Eindruck von Flechtwerk. Nach der Mitte sind sie etwas vertieft oder gewölbt. Manche sind deutlich vom Feuer angebrannt und geschwärzt. Ein Exemplar hat in der Mitte 4 Durchbohrungen.

Auch Déchelette beschreibt Backteller aus einer Tonmasse, die in der Station von St. Loup, Isére, neben Handmühlen gefunden wurden, so daß der prähistorische Ursprung dieser Backart auf das Neolithikum (Steinzeit) zurückgeht. Vergegenwärtigt man sich die oben beschriebene, mit einer Flechtwerkwand umgebene Feuerstelle, so ist es ohne weiteres möglich, daß auf der aus Steinen zusammengefügten Bodenfläche in der jüngeren Steinzeit ein Herd zum Backen der Fladen zwischen Tontellern aufgebaut wurde, ähnlich wie ihn Abbildung 11 darstellt.

Diese Art zu backen, wobei unter dem Teller Glut und heiße Asche angehäuft und auf dem oberen Teller ein schwaches Feuer unterhalten wurde, stellt den Uebergang zur Backglocke dar.

Auch im römisch-germanischen Zentralmuseum in Mainz befinden sich solche Backteller, die nach Prof. Schumacher nur in neolithischer und Hallstattzeit auftreten.

Die Straßburger prähistorische Sammlung besitzt 10 dieser Backteller aus neolithischen Wohngruben von Achenheim, Mundolsheim und Hausbergen bei Srtaßburg. Sie sind rund, haben einen Durchmesser von 20—25 cm, der Rand ist oft gekerbt.

Gegenwärtige Parallelen finden sich in Italien, wo in der Toscana und in Umbrien solche Backplatten noch im täglichen Gebrauche stehen, wie sich Herr Prof. Rütimeyer im Frühjahr 1921 in Florenz, Perugia und Rom überzeugen konnte. So wird in Perugia auf dem Lande bei Bauern, aber auch noch in der Stadt, vielfach zur Bereitung einer süßen focaccia, aber auch für einfache ungesäuerte Brotfladen aus Weizen- und Roggenmehl, eine runde Platte aus Terrakotta, einer Mischung von Ton und Marmorpulver — terracotta argilatta — gebraucht. Eine von Rütimeyer erworbene hat einen Durchmesser von 25,5 cm, eine Dicke von 1 cm und ist auf einer Seite mit zentralem Handgriff versehen. Die Platte wird auf einem Gestell über dem Herdfeuer rotglühend gemacht, dann mit einer Zange beim Handgriff gefaßt, die Paste darauf gelegt und neben das Feuer gestellt, bis sie auf einer Seite gut gebacken ist; dann wird die focaccia mit einer Gabel gewendet und auf der anderen Seite gebacken. Größere Backplatten aus der Toscana mit 45 cm Durchmesser finden sich in der ungemein reichen Mostra etnografica italiana, die gegenwärtig in der Villa Mills auf dem Palatin in Rom in Aufstellung begriffen ist.

Hochinteressant sind nun die Ausführungen von Hans Reinerth in dessen Werk „Pfahlbauten am Bodensee", die er bei der Beschreibung der Pfahlbausiedlung von Schussenried-Riedschachen macht. Die im Moor gefundenen, zwanzig und mehr Quadratmeter umfassenden Häuser enthalten meist zwei Räume. Diese sind durch Holzwände abgeteilt, die durch eine Art Tapete aus Birkenrinde verkleidet sind.

Der kleine Vorderraum zeigte einen regelrechten Backofen, eine überwölbte, gepflasterte Hüttenstelle, und, da hier die Reste von

Gebrauchsgegenständen, von Handmühlen, Töpfen und geflochtenen Matten besonders zahlreich gefunden wurden, hat man ihn Wirtschaftsraum genannt.

Abb. 12. Lehmbackofen der jüngeren Steinzeit, etwa 1800 v. Chr.

Abb. 13. Fellachenweiber beim Backen vor ihrem Lehmbackofen hockend.

Die vorstehende Skizze zeigt den Backofen nach der zu Unteruhldingen stehenden Pfahlbauhüttennachbildung. Da dieser Backofen tatsächlich gefunden sein soll, so gewinnt die Hypothese der steinzeitlichen Brotbereitung mehr und mehr an Wahrscheinlichkeit.

Eine moderne Parallele zu den Lehmbacköfen der Pfahlbauern bildet ein von Fellachenweibern umgebener Lehmbackofen aus einem Dorfe in der Nähe von Smyrna, und es sei daher diese Aufnahme aus jüngster Zeit den Lesern nicht vorenthalten. Es unterscheidet sich dieser Ofen nur durch die größeren Abmessungen und das im Verhältnis zur Größe des Ofens wohl etwas kleinere Mundloch, sonst ist kein Unterschied zu erkennen.

d) Backglocke und besondere Gehäuse

Eine Weiterentwicklung der Backteller wäre dann das vielfach noch gebräuchliche Backen in Backgefässen, Backschüsseln aus verschiedenem Material, wie dies nach Maurizio in Dalmatien, Bosnien, Albanien, Montenegro, Litauen, Weißrußland, ferner in Syrien und Palästina, wie bei den Arabern von ganz Nordafrika

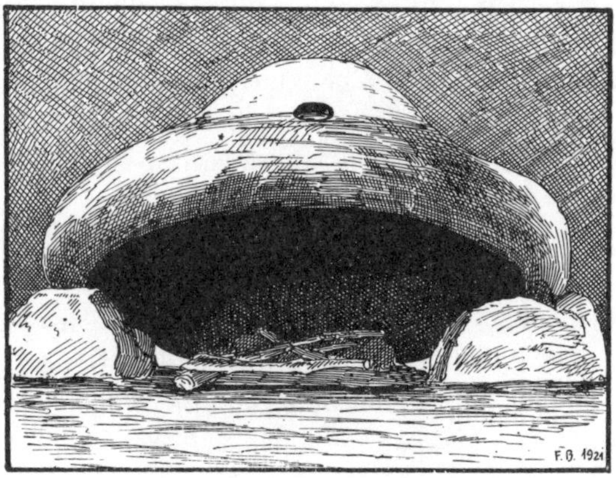

Abb. 14. Rumänische Backglocke.

üblich ist. Hieran würden sich anschließen die altertümlichen, nach Maurizio vielleicht aus der Eisenzeit stammenden Backroste, die wir in der Schweiz auch aus römischer Zeit, sowie aus Graubünden aus dem 17. Jahrhundert kennen. Dabei wurde das Gefäß mit dem geformten Fladenteig in die heiße Herdasche gelegt und mit dieser bedeckt. Ähnliche Backroste werden noch in den Karpathen und nach Schürer bei dem Backen von Maisfladen auf rostartigen Gestellen gebraucht, die wie die Tessiner Backsteine und die toskanischen Backteller schräg an das Feuer gelehnt werden.

In den bronzezeitlichen Pfahlbauten zu Dolina (Bosn.-Gradiska) und zu Velem St. Veit in Ungarn war an Stelle der erhitzten

Steine oder Asche, welche über den auf einer erhitzten Unterlage aufliegenden Teig gestreut wurde, eine tönerne Backglocke in Verwendung. Diese wurde über den Teig gestülpt und erhielt in ihrem Inneren durch die den heißen Herdsteinen entströmende Hitze die nötige Backwärme.

Der Gebrauch der Backglocke ist ferner prähistorisch nachgewiesen von Trohelca und Curcié aus dem Pfahlbau der Eisenzeit (6.—3. Jahrhundert v. Chr.) im Bett der Save bei Donja Dolina, Bosnien, und zwar in genau gleicher Form, wie sie heute noch in den rezenten, noch bewohnten Pfahlhäusern von Donja Dolina im täglichen Gebrauch steht. Es sind diese Backglocken tönerne, oben mit Handgriff versehene, nach unten auslaufende kuppelförmige Deckel von 14 cm Höhe und einem unteren Durchmesser von 42 cm.

Eine ähnliche, aus Lehm gebrannte, einfache Backglocke benutzen noch jetzt die Rumänen. Es wird unter dieser mit „Zest" bezeichneten Glocke in ganz gleicher Weise gebacken. Nach dem Abbrennen des Holzes auf der Steinunterlage stülpt man die Glocke über das Backgut. Die Glocke wird gewöhnlich noch mit der heißen Asche bedeckt. In das Loch der Glocke wird nach Ablauf der Backzeit ein Stock gesteckt, mit dem man sie bequem abheben kann.

Nach Fischer hat überhaupt der rumänische Bauer im allgemeinen das Brotessen noch gar nicht gelernt, sondern ist noch mehr auf der Breistufe; nur gelegentlich genießt er ohne Hefe bereitete Fladenbrote, die mit der Backglocke gebacken werden, einer flachen Lehmglocke, die stark erhitzt auf die ebenfalls erhitzte Tenne gestülpt wird.

Dasselbe gilt nach Fischer von den Albanern, von denen oft sehr große Backglocken von 60 – 80 cm Durchmesser und 65—85 cm Höhe, die von den Frauen aus Lehm und Kuhmist gefertigt wurden, zum Brotbacken auch im Freien mitgeführt wurden. Die irdene oder eiserne Backglocke wird mit brennendem Tiermist bedeckt. So auch bei den Montenegrinern, wo ebenfalls eiserne Backglocken vorkommen (Neweklowsky). Auch aus dem Plivatal und Bosnien wird beschrieben, wie das gewöhnliche Brot aus Mais-, Gerste-, Weizen- und Hafermehl ohne Sauerteig gebacken wird, indem der Fladen auf eine heiße Herdstelle gelegt und mit dem mit glühenden Kohlen beschickten Brotbackdeckel bedeckt wird.

Die Methode, mit der Backglocke zu backen, fand Rütimeyer nach jahrelangem Suchen im Jahre 1920 noch in vollem Gebrauch in Chiesa, Malencotal, nördlich von Sondrio, wo noch die letzten Reste der Lavezindustrie fortleben. Eine Wirtin brauchte eine Backglocke und zwar eine solche aus Lavezstein, gewiss ein hoch altertümliches Hausgerät. Sie zeigte Rütimeyer, wie im Kamin Feuer gemacht wird, die Asche weggewischt und auf diese heiße Unterlage oder auch auf eine vorher erhitzte Platte von Speckstein die Pasta aus Mais und Roggen, also ein Fladen ohne Gärungsmittel, gelegt, und mit der Backglocke (Durchmesser 22 cm, Höhe 8 cm) bedeckt wird, auf welche glühende Kohlen kommen. Gewöhnliches Brot wird jetzt nicht mehr darunter gebacken. Der so gebackene Fladen heißt cic (tschitsch), wenn er aus Weizen- und Roggenmehl mit Salz, crostolana, wenn er aus Mais- und Getreidemehl mit Milch, ohne Zuckerzusatz, gemacht wird. Die Backglocke selbst heißt „padella“; der Fladen wird statt Brot gegessen.

Abb. 15. Backglocke aus Topfstein von Chiesa, Veltlin.
Museum für Völkerkunde, Basel.

Von der Zubereitung der Speisen mittelst glühend gemachter Steine in einem besonderen Gehäuse, wie sie bei dem Stamme der Nordbaining der Südseeinsulaner noch jetzt gebräuchlich ist, gibt R. Parkinson eine Beschreibung. Der dabei verwendete Apparat wird Alus genannt und besteht aus einer Röhre von Baumrinde, etwa 40—50 cm hoch und 20—30 cm im Durchmesser. Diese Röhre stellt man auf den Boden und legt eine Lage glühender Steine hinein; dieselben werden dann mit einem Bananenblatt bedeckt und darauf eine Lage von Gemüse gelegt, abermals mit einem Bananenblatt zugedeckt; jetzt folgt in derselben Anordnung eine Lage heißer Steine, darauf eine Schicht Gemüse und so fort, bis der Alus voll ist. Die oberste Lage bilden heiße Steine. Nach einiger Zeit ist das Gericht gar, es wird herausgenommen, mit

Salzwasser besprengt und bildet eine Speise, die unter Umständen auch einem europäischen Gaumen zusagt.

Die erste Feueranwendung im Innern eines Gehäuses finden wir in dem polynesischen oder australischen Backofen, dem Wannutti. Der Wannutti ist eine mäßig tiefe Grube, deren Boden mit Steinen ausgelegt ist; auf diesen wird Feuer entfacht. Nach dem Abbrennen des Feuers werden die Wände der Grube mit der Glut ausgekleidet und die zu bereitenden Früchte oder Körner in Blätterumhüllungen in die Grube gelegt. Der ganze Bau wird nun mit in einem anderen Feuer erhitzten heißen Heizsteinen bedeckt, mit Erde zugeworfen und seinem Schicksal überlassen. Derartige Öfen wurden auch in der Nähe der Wohnstätten der Eingeborenen Neuseelands, Südafrikas und Brasiliens gefunden. Sie stellen die eigentlichen ersten Backöfen in ihrer Urgestalt dar, denn der Begriff des Backofens ist nichts anderes als der eines allseitig geschlossenen Raumes, dessen Inneres auf eine bestimmte Temperatur gebracht und auf dieser gehalten werden kann.

Das in Australien gebräuchliche Braten im Erdofen fand Wagner noch in Sardinien; es wird eine Grube ausgehoben, in dieser ein mächtiges Feuer entzündet, die Asche herausgeschafft, das Tier hineingetan, dieses mit etwas Erde bedeckt, auf welcher dann ein zweites Feuer entzündet wird.

II.

Zeit der Ägypter

a) Grütze und primitives Backen

Noch heute kann man die Chinesen von einer Zeit erzählen hören, da ihre Vorfahren den Gebrauch des Feuers nicht kannten, ihre Speisen auch nicht zubereiteten und die rohen Früchte der Bäume und Pflanzen verzehrten. Soweit die geschichtliche Forschung Chinas zurückreicht, schildert sie die Einwohner als ein ackerbauendes Volk. Der Kaiser Schiu-nung, dem jetzt göttliche Ehren zuteil werden, soll 2822 vor Beginn unserer Zeitrechnung der Erfinder des Ackerbaues gewesen sein. Zu Kaiser Yaos Zeit (2357 v. Chr.) ist die Kultivierung der Felder bereits Allgemeingut. Die chinesischen Feldfrüchte waren der Reis, hauptsächlich mehrere Hirsearten, zwei Arten von Weizen und Gerste. Die eigentliche Zubereitung der Speisen war bei diesem ältesten der Kulturvölker einfach und ist es bis heute in China wie Japan geblieben. In alter Zeit wurde das Korn in Mörsern gestampft, mit den Händen zerrieben und so ein Mehl hergestellt. Das daraus bereitete Nahrungsmittel war zunächst eine dicke Grütze. Später wurde der mit Wasser angemachte Teig zu Kugeln geformt und diese im Dampf gebacken oder am Feuer geröstet.

Wenn auch die Chinesen Jahrtausende vor uns eine Art von Brotteig zu behandeln wußten, verdanken wir doch wahrscheinlich den Ägyptern die segensreiche Kenntnis des eigentlichen Brotbackens. Einmal ist die Bereitung des Nahrungsmittels aus den Feldfrüchten bei den Chinesen noch heute fast die gleiche primitive, andererseits sind infolge der vollkommenen Abgeschlossenheit des alten Reiches der „Söhne des Himmels" die Kenntnisse der Teigbereitung und des Brotbackens nicht von dort überkommen.

Dank der günstigen Lage des Landes gelangte in Ägypten, dem Lande, in welchem schon vor Jahrtausenden eine hochentwickelte Kultur herrschte, der Getreidebau bald auf eine hohe Stufe und so hat sich bei den Bewohnern des alten Pharaonenlandes, wie viele wohlerhaltene Darstellungen der ägyptischen Königsgräber beweisen, in dem für die Agrikultur besonders geeigneten Niltale der Pflug entwickelt. Im ältesten Ägypten aß man geröstete Gerste und man gab diese auch geröstet den Toten zu ihrer Speisung im Geisterlande mit ins Grab. Roggen, Hafer und Hirsearten des Nordens waren der Bevölkerung Ägyptens unbekannt. Es ist nicht einwandfrei erwiesen, ob der altägyptische Weizen die Gattung Spelt (Triticum spelta) schon mit eingeschlossen hat. Noch fraglicher ist die Herkunft und Verbreitung der Mehlpflanze Sorghum vulgare, des Negerkornes oder der Mohrenhirse, welche heutzutage in Ägypten kulti-

Abb. 16. Ägyptische Bäcker Durrabrot backend.

viert wird. Marietta fand in einem Grabe zu Sakhara, das der fünften Dynastie angehört, Gersten- und Weizenkörner, die also jetzt über 5000 Jahre alt sind. Merkwürdig ist, daß Marietta auch die Unkrautsamen fand, die noch heute den Bauern in Ägypten Verdruß bereiten.

Noch heute stellt man am Nil aus der ägyptischen Hirse das Durrabrot her, das einen säuerlichen Geschmack besitzt, schnell verdirbt und sich von der ehemaligen Zubereitung kaum unterscheiden dürfte.

Schon früh zeigte sich in Ägypten neben einer Anhäufung großen Reichtums eine totale Verarmung der unteren Volksschichten. Die Armen waren gezwungen, billig, fast vegetarisch und hauptsächlich von Brot zu leben.

Das Kneten des Teiges wurde durch die einfachsten Handgriffe besorgt. So schlugen die Hirten auf dem Felde ihren Teig in einem irdenen Napfe, um dann die runden Fladen auf den Kohlen eines Herdes oder im heißen Aschenhaufen zu backen.

Abb. 17. Teigknetende ägyptische Dienerin.

Im Hause der besser gestellten Ägypter knetete man den Teig sorgfältig mit den Händen in einem Korbe durch und fing das ausgedrückte Wasser in einem unter dem Korbe befindlichen Topfe auf.

Im Museum zu Gizeh bei Kairo befinden sich Holzskulpturen, das Volk bei der Arbeit zeigend, die in ihrer Art zu den ältesten gehören. Sie stammen aus der Zeit Sethos I. und sind wegen der Darstellung des Volkslebens von hohem kulturhistorischem Wert.

Unser Bild stellt eine Bäckerei dar. Links ist eine Person beschäftigt, auf einem Stein das Getreide zu verreiben, in der Mitte schleppen zwei eifrig Mehl herzu, während rechts drei Gehilfen den Teig kneten. Ein Backgerät ist hier noch nicht dargestellt, so daß aus diesen Darstellungen nicht zu entnehmen ist, wie die Teige verbacken wurden.

Abb. 18. Brotbereitung zur Zeit Sethos I.

Eine Vorstellung von der Art, wie die ältesten Ägypter den fertig gekneteten Teigfladen verbacken haben, gibt uns indessen die folgende Abbildung einer altägyptischen Statuette, die in einem der ältesten Königsgräber gefunden wurde.

Ganz ähnlich wie die Steinzeitmenschen vorgingen, bereitete man anfänglich auch in Ägypten das Brot.

Der mit dem Backen beauftragte Sklave hat den fertig gekneteten Fladen von dem als „Krettisch“ dienenden flachen Stein gehoben und ihn zunächst geschickt um die linke Hand geschlungen, um die auf der Knetunterlage zurückgebliebenen Teigreste mit einer

„Teigkratze“ abzuschaben und mit dem fertigen Fladen zu vereinigen. Vor dem flachen Knetstein liegt noch ein Vorrat von Holzscheiten, die zum Anheizen des eigentlichen Backsteines dienten. Der Sklave breitet dann kunstgerecht den Fladen auf dem Stein aus, möglich ist es, daß er ihn noch mit heißer Asche bedeckt.

Um sich einen Begriff zu machen von der Art der Alten, ihren Teig auf dem Herde, auf dem Backstein, oder in heißer Asche zu backen, ist es vorteilhaft, die Backart von Kuchen auf dem Herde zu beobachten, wie sie noch in letzter Zeit in Lothringen üblich war. Nachdem die Herdfläche angeheizt und die Kohlen im Glühen

Abb. 19. Ägyptischer Sklave, Fladen backend.

sind, bedeckt man diese mit einer dünnen Schicht Asche und legt auf diese den flachen Teig. Damit der Kuchen Farbe bekommt, schürt man einen Augenblick das Feuer noch einmal so, daß eine helle Flamme um den Kuchen herumbrennt, oder man verbrennt auf demselben eine Handvoll Stroh. Darauf deckt man den Kuchen mit heißer Asche ganz zu und unterhält das Feuer schwach weiter, bis man glaubt, daß er ausgebacken ist.

Eine höchst eigenartige Entwicklung zeigt die weitere Gestaltung des ägyptischen Backgerätes, eine Formgebung, wie sie bei keinem andern Volke wieder gefunden wurde. Die nächste Abbildung zeigt uns ein Modell aus der Zeit 2400 v. Chr. Sie stellt eine mehlbereitende Sklavin dar, während der Bäckersklave damit beschäftigt ist, durch das Wedeln seiner linken Hand das den Ofen beheizende Feuer anzufachen. Dieser Ofen stellt nun eine Pyramide aufeinandergestellter, allmählich in der Grundfläche kleiner werdender Steine dar. Im Kleinen eine Nachbildung der alten Pyramiden. Durch die Anordnung der aufeinandergestellten Steine wird die Oberfläche des eigentlichen Backsteines wesentlich vergrößert. Man konnte die zu backenden Fladen nun nicht mehr auf die Steine

Abb. 20. Ägyptischer Pyramiden-Backofen.

legen, sondern man stellte sie aufrecht auf die vorstehenden Ränder des nächst niederen Steines, so daß sie sich an die heiße Fläche des oberen Steines anlehnten. Nach gewisser Zeit drehte der Bäcker den auf der einen Seite angebackenen Fladen herum, um ihn von der anderen Seite her ganz auszubacken. Wir werden sehen, daß die weitere Entwicklung des Ofens diese Arbeitsweise beweist.

Abb. 21. Altägyptische Brote.

Da das Brot in seinen verschiedenen Formen das Hauptnahrungsmittel des Volkes war, erklärt es sich von selbst, daß die Ägypter in der Herstellung von Backwaren bald eine große Fertigkeit erlangten. Der Papyros Harris I. weiß von 30 verschiedenen Arten von Broten zu erzählen, die man in den Tempeln verwendete. In den ältesten Grabkammern der Pyramiden fand man bei den Mumien außer Weizenkörnern auch aus Weizen- und Gerstenmehl hergestellte Brote, ebenso Kuchen aus Sorghum- oder Durrahirse gebacken. In dem Grabe eines hohen Beamten, der etwa 2500 v. Chr. gelebt hat, standen die abgebildeten Brote. Die Ägypter pflegten ja ihren Toten unter anderem Brote mit ins Grab zu geben, damit sie im Jenseits keine Not litten.

Die altägyptischen Brote waren daumendicke, runde, ovale, halbkugelige, dreieckige oder stumpfkantige, viereckige Fladen mit teilweise erhabenem Rand und mancherlei Verzierung, wie Strichen, Punkten, Bogen und Streifen.

Man weiß jetzt auch, daß die Ägypter die Totenopfer, bestehend aus Beigaben von Opfertieren, Wein und anderem, dadurch ablösten oder ersetzten, daß sie den Toten aus Brotteig nachgebildete Tierformen mit in die Grabkammern gaben. Schon bei ihnen stand „Brot“ sprichwörtlich für Speise und Nahrung an sich im Gebrauch. Unter diesen Tiernachbildungen in Brotform finden wir hauptsächlich die Kuh, die den Ägyptern heilig war und nicht gegessen werden durfte.

b) Ägyptischer Backofen

Abb. 22. Hofbäckerei Ramses III.

Einen sehr lehrreichen Einblick in das Getriebe einer ägyptischen „Großbäckerei“ gewinnt man durch ein Bild, das aus dem großen Tempel von Medinet Habu, einem Totenkultraum für den König Ramses III., aus der 20. Dynastie (1198—1167 v. Chr.), zutage gefördert wurde, dem reichen Rhampsinit, der durch Herodots Märchen vom diebischen Baumeister bekannter geworden ist als durch seine Taten. Wie Herodot, der griechische Geschichtschreiber, und auch Strabo humorvoll ausführen, kneteten die Ägypter den Ton für die Ziegelsteine mit den Händen, den Teig des Brotes hingegen mit den Füßen. So sieht man auf dem Bilde, das uns in die kgl. Hofbäckerei versetzt, zwei Bäckerknechte den gesäuerten Teig in einer großen Beute mit den Füßen treten, wobei sie sich mit langen, starken Stangen stützen, um die Füße besser in der zähen Masse bewegen zu können. In Anbetracht des ungemein zahlreichen Dienstpersonals am Hofe der Pharaonen wäre es auch unmöglich gewesen, die erforderliche Teigmenge durch Kneten mit den Händen rechtzeitig fertigzustellen. Der gut durchgeknetete Teig wird in Krügen zum Wirktisch des Formmeisters oder Hofbäcken gebracht, der unter vielen anderen mannigfaltigen Gebäcken, deren Formen als Nebenbilder über dem Arbeitstisch erscheinen, auch die bereits erwähnten Brotopfer in Tiergestalt herstellte. Die nächsten Backgesellen scheinen in einem besonderen Kessel spiralig gewundene, unseren Schnecken oder Spritzkuchen ähnliche Teiggebilde zu sieden. Diese spiraligen und beliebten Gebäcke wurden mit dem Namen Uten-t bezeichnet. Vielleicht sind diese Gebäcke die Vorläufer unserer Krapfen oder Pfannkuchen? Das größte Interesse beanspruchen jedoch die aufgestellten Backöfen des Großbetriebes. Es sind dies aufrechtstehende, nach oben sich verengende Tonröhren von etwa halber Manneshöhe. Bei Öfen größerer Dimensionen wurden die Öfen aus mehreren Röhrenstücken durch Aufeinandersetzen zusammengefügt und die Verbindung der einzelnen Röhrenabschnitte mittelst Reifen hergestellt. Ein solcher Betriebsofen wurde von innen heraus in der Weise geheizt, daß man den Hohlraum mit Holzscheiten beschickte, wie dies von einem Arbeiter bei dem ersten Ofen ausgeführt wird, und nach dem Anzünden des Feuerungsmaterials die Flammen oben herausschlagen ließ. Das eigenartig Primitive dieses Backofensystems bestand darin, daß man die Gebäcke auf der Außenseite des Ofens anbackte, indem man die feuchten Stücke an die Oberfläche anpreßte und sie kleben ließ, bis sie sich von selbst lösten und herabfielen, worauf sie umgedreht wurden und der Vorgang, wenn nötig, wiederholt wurde. Der untere Backofen, aus dem die Flammen herauslodern, wird gerade mit einer Anzahl gleicher, scheinbar der gebräuchlichsten Art, einfacher täglicher Brote beschickt, die von einem Zuträger herbeigebracht werden und durch zwei sog. Er-aeiks, d. h. Brotmacher (fast könnte man sagen „Anbacker") auf den Ofen gedrückt werden. Der obere Ofen, in der Nähe des Hofbäckers aufgestellt, war vielleicht für bessere Gebäcke bestimmt. Er ist anscheinend aus einzelnen Röhrenabschnitten aufgebaut und mit Reifen verbunden, wie oben angegeben. Die außerdem, wahrscheinlich mit Lehm, hergestellten Dichtungen der allmählich nach oben im Durchmesser abnehmenden Röhrenteile sind anscheinend absichtlich zu nach außen erhöhten Ringen ausgearbeitet, die um den Ofen herumlaufen. Diese buckelartigen Erhöhungen mögen die sich ablösenden Gebäcke länger gehalten haben, um ein stärkeres Durchbacken von beiden Seiten durch ein Umwenden derselben zu ermöglichen.

Man sieht, daß bei dieser Art von Ofen dasselbe Prinzip verfolgt wird, wie es bei der vorher beschriebenen Steinpyramide angewendet wurde, nämlich das Aufstellen der Gebäcke auf vorstehenden Absätzen und das Anlehnen derselben an die erhitzte Backfläche. Unverkennbar ist der technische Fortschritt, da durch die Beheizung des „Ofens" von innen eine bedeutend bessere Ausnutzung des Brennmaterials gegeben war und gleichzeitig einem Verschmutzen der Gebäcke durch Ruß und Flugaschenreste weitgehend vorgebeugt wurde.

Unten auf dem Bilde sehen wir zwei Kneter mit geschulterten Stäben zur Ablösung der Muldentreter herankommen, während zwei besonders muskulöse Gestalten den Teig mit Armen und Händen kneten. Es scheint aus dem Bilde hervorzugehen, daß der obere Teil die Fein- oder Zuckerbäckerei des Königs Ramses darstellt, während der untere die Grobbäckerei für das Heer der Beamten und Bediensteten festhält.

Viele Vornehme Ägyptens hatten eigene Backhäuser oder wenigstens einen leibeigenen Bäcker. Am Hofe des Königs gab es nicht nur Bäcker, sondern auch Süßigkeitsbereiter, die einem Oberbäcker unterstellt waren.

An der südlichen Außenwand des Tempels von Medinet-Habu ist ein riesiger Festkalender eingemeißelt, der die Fläche von 62 m Länge und 4 m Breite einnimmt. Unter anderem wird angeführt, wieviel „Aanebneb"-Gebäck dem Tempel zu liefern sei. Auf den abgebildeten Gabentischen sieht man die flachen Brote oft in mehreren Lagen übereinandergeschichtet abgebildet.

Aus der Zeit des Aufenthaltes der Israeliten in Ägypten existiert ein Papyrus, der als „Papyrus Roullin" in der Bibliothek zu Paris konserviert wird. In demselben geschieht eines „Chefs der Königlichen Bäckerei" Erwähnung, durch welchen allein 114064 Brote in das Königliche Magazin geliefert werden. Das genannte Schriftstück gibt uns u. a. auch zugleich genauen Aufschluß über Ämter und Verpflichtungen der Hofbäcker unter den Pharaonen, über Mehlquantitäten, die ihnen geliefert wurden, und über den Modus, der beim Backen und Brotverteilen gebräuchlich war.

Allgemein bekannt ist die Geschichte des obersten Bäckers des Pharao, von dem die Bibel berichtet:

1. Buch Mosis 40,1: „Und es begab sich danach, daß sich der Schenke des Königs in Ägypten und der Bäcker versündigten an ihrem Herrn dem König in Ägypten".

2. „Und Pharao ward zornig über seine beiden Kämmerer, über den Amtmann über die Schenken und über den Amtmann über die Bäcker."

In den Jahren 1918—20 hat das Metropolitan Museum of Art-New York durch Ausgrabungen neue wichtige Funde gemacht. Es wurde das Grab „Mehenkwetre's" (bedeutet „Schützling der Sonne"

Abb. 23. Bäckerei-Modell aus dem Grabe Mehenkwetre's.

oder „Sonnengeschenk") durchforscht. Er war Kanzler und Schenk unter dem König Mentuhotep III von der XI. Dynastie, die etwa ums Jahr 2000 v. Chr. herrschte. Nach ägyptischem Brauch waren die Totenräume angefüllt mit einer Menge von Holzmodellen. Wir finden Nachbildungen einer Bootsflotte, Zählung der Viehherden, Stallungen, Metzgerei, Flachsspinnerei und Weberei, Kornhäuser usw. Der Tote soll auf seiner Seelenwanderung von all dem seinem Range zustehenden Gesinde bedient werden.

Unsere Abb. 23 stellt die Brauerei und Bäckerei dar, die in einem Gebäude vereinigt waren. Die Brauerei ist halb verdeckt; von ihr, die zum Backen die nötige Hefe lieferte, führt eine Tür in die Bäckerei. Vor der Türöffnung steht ein Mann am Getreidemörser, der die Keule hochhebt. Hinter ihm mahlen zwei Müllerinnen Getreide mittels des Reibsteins. Rechts von ihnen stehen zwei Backöfen von viereckiger Form, vor dem ersteren sitzt der Schießer auf einer Matte. Hinter ihm hantieren zwei Teigmischer. Im Raum daneben sehen wir wieder zwei Männer Getreide stampfen. In der linken oberen Ecke formen zwei Bäcker feines Weizenbrot und Kuchen. In beiden Ecken rechts sehen wir je einen Backofen von runder Form, der oben geschlossen ist. Der Ofen oben rechts wird eben mit Holz beschickt.

Auffallend in dieser Nachbildung der Bäckerei ist die nunmehr viereckige Form der Backöfen. Es ist höchst wahrscheinlich, daß die Ägypter dazu übergingen, im Innern dieser Ofen, wie bei den tonnenförmigen Öfen, Feuer anzufachen und nach der Durchheizung der gesamten gebrannten Lehm- oder Steinmasse des Ofens, diesen

Abb. 24. Bäckerei-Modell aus der Zeit der XI. Dynastie etwa 2300 v. Chr.

mit einem Stein als Deckel zu verschließen. Einmal wurde dadurch die im Ofen noch vorhandene Glut und heiße Asche besser ausgenutzt; auch war die Bereitung leichter, weicher Kuchen, die eine Aufstellung nicht vertrugen, erleichtert, da diese auf die flache Decke des Ofens aufgelegt werden konnten. Die beiden verhältnismäßig niedrigen, runden Backöfen in den Ecken der zweiten Backstube rechts, mit den großen Abdeck-Steinen, machen diese Art der Bedienung der Backöfen noch wahrscheinlicher.

Die Abb. 24 zeigt das Modell einer Bäckerei ebenfalls aus der XI. Dynastie, also zur Zeit um 2300 v. Chr. Zahlreiche Sklavinnen bereiten auf den Mahlsteinen das notwendige Mehl. Neben den drei vorhandenen, eckigen Öfen stehen niedrigere Backmulden, in denen die Kneter den Teig bereiten, während die den Öfen den Rücken zuwendenden Sklaven die Brote zu formen haben.

Auch hier sehen wir die gebräuchlich gewordene, viereckige Form der Backöfen. Deutlich ist zu erkennen, daß der Modelleur auch zeigen wollte, wie und daß die Ofen oben mit einer zur Öffnung des Ofens passenden Platte zugedeckt wurden.

Alle Zweifel über die Bauart und die Bedienung der vor rund 4000 Jahren in Ägypten gebräuchlichen Backöfen werden behoben

Abb. 25. Afetsch-Krieger vor einem einheimischen Backofen.

bei Betrachtung der Abb. 25. Die Aufnahme stammt aus Mesopotamien und zeigt einen einheimischen Backofen von merkwürdig viereckiger Form mit etwas vorspringenden Ecken. Auf der Vorderseite, nahe dem Boden, befindet sich ein Loch, durch welches dem inneren kanalförmigen Ofenfeuerungsraum während des Heizens Luft zugeführt wird. Neben dem an der Oberfläche in einem runden Loch mündenden Heizkanal bemerkt man einen Deckel von etwas größerem Durchmesser. Mit diesem wird der Backofen verschlossen und auf die so gebildete große Herdfläche die zu backenden Fladen gelegt. Seine Bauart und Verwendung entspricht, wie wir sehen, genau dem vorher beschriebenen viereckigen Backofen aus Altägypten.

III.

Zeit der Hebräer

In der Berührung mit anderen kulturell fortgeschrittenen Völkern haben die semitischen Stämme in dem großenteils dürren Arabien den Boden, wo es nur anging, durch einen geregelt betriebenen Ackerbau ausgenutzt. Handel und Städtewesen blühte unter ihnen auf. In der Geschichte der Menschheit sollten die Semiten als Träger einer neuen Kultur eine Rolle spielen, wie sie nur wenigen anderen Völkerstämmen beschieden ist.

a) Backherd

Von den Ägyptern lernten die Israeliten während ihres 430 Jahre langen Aufenthaltes im Pharaonenland die Kunst der Brotbereitung. Ihnen hauptsächlich verdankt die Erde die schnelle Verbreitung der Kunst, Brot zu backen, da sich Teile des hebräischen Volkes über die ganze Erde verstreut haben.

Schon früh hatte man die Wahrnehmung gemacht, daß Brei oder Teig, wenn er vor dem Backen gestanden und einer natürlichen wilden Säuerung überlassen war, ein besonders wohlschmeckendes Brot lieferte. Daß den Juden die Bereitung mehrerer Arten von Brot und Kuchen geläufig gewesen sein muß, können wir aus zahlreichen Angaben der Bibel schließen.

Die Genesis berichtet, daß 2281 Jahre vor Christi Geburt Melchisedek, der Hohe Priester und König von Salem, Abraham bei seiner siegreichen Rückkehr von Sodom segnete und ihm Brot und Wein anbot.

1. Buch Mosis 14,18: „Melchisedek trug Brot und Wein hervor."

Abraham ließ für seine drei Gäste durch Sarah „Kuchen" bereiten.

Diese Kuchenbereitung wurde in der Weise ausgeführt, daß in den glatten Erdboden Steinchen in einer Kreisfläche eingedrückt wurden und darauf Feuer gemacht wurde. Nachdem die Asche beiseite geschoben war, wurden die Teigfladen auf die nun heiße Oberfläche der Steinrundung gelegt und mit der Asche zugedeckt, in welcher sie dann bald gebacken waren. In Ägypten backen sich die Hirten noch heute in der Asche ihres Lagerfeuers auf diese Art ihre Brotfladen.

1. Buch Mosis 18, 5 und 6: „Und ich will euch einen Bissen Brots bringen, daß ihr euer Herz labet“; „eile und menge drei Maß Semmelmehl, knete und backe Kuchen“.

War eine größere Menge von Brotfladen zu bereiten, so benutzte man wohl auch einen eisernen, hohl auf drei einzelnen Steinunterlagen ruhenden Deckel, der die wie oben beschrieben zubereitete Rundfläche aus kleinen Steinen bedeckte und von dem auf dieser Herdfläche entzündeten Feuer erhitzt wurde. Auf der heißen Oberfläche waren die dünnen Fladen rasch gebacken und es war möglich, auch eine größere Menge Mehl, „drei Maß Semmelmehl“ schnell zu verbacken.

Abb. 26. Hebräischer Fladenofen.

1. Buch Mosis 19, 3: „Lot bereitete den zween Engeln, die ihn zur Nacht aufsuchten, ein Mahl ‚und buk ungesäuerte Kuchen‘.“

1. Buch Samuelis 25, 18: „. . . und nahm 200 Brote und fünf Scheffel Mehl und 100 Rosinenkuchen und 100 Feigenkuchen“.

b) Backglockenherd

Es ist wahrscheinlich, daß die Herstellung der erwähnten Brote und Kuchen, die schon eine größere Backtechnik voraussetzen, auch in einem nun schon backofenähnlichen Gehäuse hergestellt wurden. Bauer und Benzinger haben die Form eines solchen Ofens beschrieben.

Wie in ältester Zeit wurde zunächst eine Herdfläche bereitet, die nun allerdings schon aus mehreren Steinlagen bestand, indem die Erde in einem Kreise ausgehoben, mit Steinen angefüllt wurde, die in einzelnen Schichten festgestampft wurden. Nach dem Abbrennen des Feuers auf dieser kunstgerecht gefügten Steinunterlage wurden die brotähnlichen Fladen und Kuchen auf die gesäuberte Herdfläche gelegt. Hierüber stürzte man einen umgekehrten schüsselartigen Tondeckel, der oben ein Loch hatte; dies war durch eine mit Griff versehene Scheibe zu schließen. Auf und um den Deckel häufte man Mist, der entzündet wurde. Hier war schon die Möglichkeit gegeben, auch gesäuerte Teige, die durch die Gärung aufgegangen waren, zu backen.

Abb. 27. Althebräischer Backglockenherd.

Eine Parallele zu dem alten hebräischen Backglockenherd zeigt die folgende aus Nordafrika stammende Abbildung.

Deutlich ist der backglockenförmig gebaute Ofen zu erkennen, aus dem die Fellachenfrau die Reste des Feuerungsmaterials, das zum Heizen des Innenraumes verwendet wurde, mit einem Reisigwisch entfernt. Der zu backende Fladen liegt hinter dem „Ofen" zum „Einschießen" bereit. Recht primitiv wirkt der zum Verschluß dienende, mit einem Handgriff versehene Deckel. Man kann sich unschwer vorstellen, daß dieser Ofen mit trockenem Mist umgeben wird, den man zur weiteren Beheizung des Ganzen in Brand setzt.

Abb. 28. Backglocken-Ofen aus Nordafrika.

Moses untersagte den Israeliten zum Osterlamm den Genuß gesäuerten Brotes. Immer wieder liest man in der Bibel, daß Moses im Namen Gottes den Sauerteig ablehnt. Das uralte Sühnefest, das Pascha, das ganz im Anfange Unglück, Not, böse Geister abwehren sollte, hatte in seinen Abwehrriten auch den Genuß des ungesäuerten Brotes aufgenommen. Später verschmolz man das Pascha mit dem Ackerbaufest, das bei Beginn der Ernte, die zu Ostern in Palästina mit der Gerste einsetzte, gefeiert wurde. Das ist das eigentliche Fest der ungesäuerten Brote (Mazzoth).

2. Buch Mosis 12, 15; dann 13, 17 und folgende:

„Sieben Tage sollt ihr ungesäuert Brot essen, nämlich am ersten sollt ihr den Sauerteig aus euren Häusern tun. Wer gesäuert Brot isset vom ersten bis zum siebenten, des Seele soll ausgerottet sein von Israel."

17: „und haltet das ungesäuerte Brot";

18: „sollt ihr ungesäuert Brot essen";

19: „daß man sieben Tage keinen Sauerteig finde in euren Häusern";

20: „darum so esset kein gesäuertes Brot, sondern eitel ungesäuert Brot."

Sieben Tage dauerte dieses Fest und alles Brot mußte mit Wasser und Öl, das ist ungesäuert, gemacht sein, so entsprach es den ältesten Traditionen. Pascha- und Mazzothfest wurden dann später mit der Erzählung vom Auszug der Juden aus Ägypten zusammengebracht und den ungesäuerten Broten eine Deutung gegeben, die sich ganz irrtümlich auf den Bericht bei 2. Buch Mosis 12, 33—39 beruft.

Als Pharao, der Ägypter König, den Israeliten den Auszug aus dem Lande gestattete und aus Furcht vor weiteren Gottesfügungen die Juden zum schleunigen Aufbruch drängte, blieb bei dem fluchtartigen Abmarsch des Volkes keine Zeit mehr, das sonst gebräuchliche gesäuerte Brot zu backen.

2. Buch Mosis 12, 34: „und das Volk trug den rohen Teig, ehe denn er versäuert war, zu ihrer Speise gebunden in ihren Kleidern, auf ihren Achseln";

„. . . und das Volk nahm die ungesäuerte Mischung und trug die Mehlbehälter in Kleider verpackt auf dem Rücken."

2. Buch Mosis 12, 39: „und sie buken aus dem rohen Teig, den sie aus Ägypten brachten, ungesäuerte Kuchen; denn es war nicht gesäuert, weil sie aus Ägypten gestoßen wurden."

Aus den vorhergehenden Ausführungen geht hervor, daß ungesäuertes Brot den Israeliten lange vor ihrem Auszug bekannt war, immerhin verbinden die jüdischen Gemeinden aller Zonen die Feier des Auszuges ihrer Vorfahren aus Ägypten mit dem Genuß der ungesäuerten Brote des Passahfestes.

c) Backofen und Herdplatte

Bei der Herstellung des Brotes trocknete das Feuer den Teig mehr aus, als daß es ihn in unserem Sinne wirklich backte. Dieses Brot war also verhältnismäßig flach und spröde. Es geht dies auch aus dem häufigen Erwähnen des „Brotbrechens" in der Geschichte des Alten und Neuen Testamentes hervor. Daß die Hebräer aber auch größere Backöfen gebaut haben, geht aus vielen Bibelstellen unzweifelhaft hervor.

2. Buch Mosis 7, 28: „und kommen in dein Haus, in deine Backöfen und deine Teige."

3. Buch Mosis 2, 4: „will er aber sein Speiseopfer tun vom Gebackenen im Ofen, so nehme er Kuchen von Semmelmehl ungesäuert, mit Öl gemenget, oder ungesäuerte Fladen mit Öl bestrichen."

Hosea 7, 6: „ihr Herz ist in heißer Andacht wie ein Backofen."

Auch gab es bei den Hebräern bereits Bäcker als Handwerker, die zur Ausübung ihres Gewerbes größerer Backöfen bedurften.

Hosea 7, 4: „gleich wie ein Backofen, den der Bäcker heizet, wenn er ausknetet, und läßt den Teig durchsäuern und aufgehen."

Jeremias 37, 21: „und ließ ihm des Tages ein Laiblein Brot geben aus der Bäckergasse."

Die Juden haben die Ursprungsform ihrer Backöfen von den Ägyptern übernommen. Die Gestalt ihrer Backöfen ist im großen und ganzen dieselbe wie sie bereits in der Hofbäckerei Ramses III. dargestellt waren. Sie bestehen auch bei ihnen aus sich nach oben verengenden großen Tonröhren, jedoch haben die Bäcker Israels den alten ägyptischen Ofen insofern wesentlich verbessert, als sie in der ungefähren Mitte der Röhre einen Zwischenboden einbauten und unter dieser so geschaffenen Herdfläche mittelst einer Türe im unteren Teile, als Heizraum, Feuer unterhielten.

Auf diesen Zwischenboden konnte man nun die aufgegangenen gesäuerten Brote legen, gleichzeitig konnten weitere nicht gesäuerte Fladen an Spießen im Innern an den Wänden aufgesteckt und außen um den unteren Teil herumgestellt werden, um die Hitze des Ofens möglichst vollkommen auszunützen. Es ist anzunehmen, daß der Ofen nach dem Beschicken mit den einzelnen Gebäcken oben durch einen Deckel verschlossen wurde.

Abb. 29. Hebräischer Backofen.

Die Öfen standen in besonderen Stein- oder Lehmhütten außerhalb des Hauses oder des Dorfes. Daß es auch bei den Juden schon eine Art von Gemeindebacköfen gegeben hat, scheint aus der Bibelstelle: 3. Buch Mosis 26, 26: „daß zehn Weiber sollen euer Brot in einem Ofen backen" hervorzugehen. Die Armen taten sich zusammen, um einen allgemein benutzbaren Ofen zu heizen und um je ein bis zwei Brote gemeinsam zu backen. Es sind auch metallene Ausführungen dieser Öfen gefunden worden. Thiersch berichtet von festen Backöfen auf der Burg Ta'annak, die aber nach der Beschreibung auch beweglich waren und so vielleicht Öfen von besonders großen Ausmaßen darstellten.

Südöstlich von Babylon, im alten Chaldäa, hat Prof. Maspero in vorgeschichtlichen Wohnstätten oft primitive Backöfen und roh bearbeitete Mühlsteine entdeckt, ein Beweis, daß das Volk der Chaldäer, deren Name etwa seit 900 v. Chr. unter den Titeln der assyrischen Könige erscheint, die Brotbäckerei zwischen Euphrat und Tigris kannte.

IV.

Zeit der Griechen

Nach einer allgemeinen Überlieferung lebten die ersten Bewohner Griechenlands, die vom Kaspischen Meer her über das gebirgige Epirus in das Land eindrangen, von Eicheln. Die Griechen übernahmen als erste Europäer von den einwandernden Israeliten die Kenntnis der Getreidepflanzen, die Kultur des Ackerbaues und die Kunst des Brotbackens.

Bald nach dem Verfall des alten Kulturreiches des Volkes Israel haben sich die Juden in größeren Völkerschaftsverbänden oder in einzelnen Gruppen über die ganze Erde verteilt und mit ihnen ging ein großer Schatz orientalischen Wissens an alle Völker über, mit denen sie in Berührung kamen.

Wie bei den Ägyptern und Juden die geröstete Gerste ein Hauptnahrungsmittel darstellte, so wurde diese auch bei den Griechen zunächst die allgemeine Volksspeise. Aus den Beschreibungen der Vorbereitungen für die Kriegsfahrten der Griechen kann man entnehmen, daß die in Ziegelfellbehältern mitgeführte geröstete Gerste ein begehrtes Dauernährpräparat für die fern vom häuslichen Herd weilenden Krieger war. Auch die noch im klassischen Zeitalter Athens bestehende Verordnung eines der sieben Weisen, des berühmten Gesetzgebers Solon (639—559 v. Chr.), wonach jede junge Frau bei ihrer Verheiratung ein „phrygeton“ genanntes Gefäß zum Rösten der Gerste in den jungen Hausstand mitzubringen hatte, beweist, daß die geröstete Gerste lange Zeit das Hauptnahrungsmittel war.

a) Backen im Geschirr

Zunächst war es Aufgabe der Frauen, für die leibliche Nahrung Sorge zu tragen. Alle hierin einschlagenden schweren Arbeiten, namentlich das Mahlen des Getreides auf der Handmühle, wurde von den Sklavinnen besorgt.

So berichtet im siebenten Gesange der Odyssee der Vers 104 von den Sklavinnen des Alkinoos:

„Diese, mit rasselnder Mühle zermalmten gelbes Getreide“

und ferner heißt es im 20. Gesange von Vers 105 an:

„Vorbedeutung auch redet ein mahlendes Weib im Gemache
Nahe bei ihm, allwo die Mühlen des Königs standen.
Täglich waren daran zwölf Müllerinnen geschäftig,
Weizen- und Gerstenmehl, der Männer Mark, zu bereiten.“

Natürlich waren anfänglich diese aus einem unteren — feststehenden — und einem oberen sich drehenden Stein (dem Grundprinzip aller Mühlen) bestehenden Mühlen sehr klein, weil sie mit Hand betrieben wurden.

Die Griechen backten im Hause ihre Brote gewöhnlich in irdenen oder eisernen Geschirren, die am Feuer standen oder mit heißer Asche umgeben wurden. Den späteren gewerblichen Bäckereien war es vorbehalten, den Backofen zu benutzen.

b) Säuerung

Den alten Griechen war gesäuertes Brot nicht fremd, ja es ist anzunehmen, daß es das gebräuchlichere Brot war, da über die Herstellung des Sauerteiges (fermentum) ausführlich berichtet wird. Entweder wurde altgewordener Teig dem frischbereiteten beigemengt, oder man knetete Hirse mit Most, eine Mischung, die sich ein ganzes Jahr brauchbar erhielt. Drei Tage alter, weißer Most wurde mit feiner Weizenkleie verknetet und an der Sonne getrocknet. Von diesem Dauerpräparat wurden einzelne Stückchen im warmen Wasser gelöst und mit Mehl angesetzt. Sollte ein Sauerteig zu beliebiger Zeit hergestellt werden, so machte man aus Gerste und Wasser zweipfündige Kuchen und röstete diese in irdenen Schüsseln in heißer Asche bis zur Bräunung. Hierauf bewahrte man sie in bedeckten Gefäßen bis zum Sauerwerden auf. Aber auch schon Backpulver in Form von Soda wurde zur Lockerung der Gebäcke verwendet. Die Bereitung des normalen Weizenbrotes war im allgemeinen unserer heutigen Teigbereitung entsprechend. Die Verwendung des Weizenmehles auch schon zu feineren Gebäcken, die aus Teigen bereitet und mit Ölen, Fett, Wein, Milch, Käse, Salz und Gewürzen wie Dill und Pfeffer durchknetet wurden, war eine äußerst mannigfaltige. Die Brotsorten der Griechen waren daher sehr verschiedenartig, namentlich bei den Athenern, welche in der Bereitung vieler und schöner Arten sich gar erfinderisch zeigten. Das Gerstenbrot (*μᾶζα*), die sog. Maza, galt als eine rauhe Kost und wurde beim Genuß mit Wasser angefeuchtet, doch mußte der gemeine Mann gleich dem Sklaven für gewöhnlich damit zufrieden sein. Das Gerstenmehl wurde zu einfachem Teig mit Wasser geknetet und in Formen verschiedenster Gestalt getrocknet.

Dem griechischen Ausdruck Maza erscheint das Wort „Mazes“, das bei den Juden ungesäuertes Brot bedeutet, nahe verwandt. Das alte Hellas, das in so vielen Beziehungen zu den semitischen Völkern stand, mag nicht nur die Art, sondern auch die Bezeichnung eines Gegenstandes mit diesen gemeinsam haben.

c) Brotarten

Die feineren Brote aus Weizenmehl, meist die Produkte gewerblicher Bäckereien, zeichneten sich durch ihre außerordentliche Verschiedenheit in Größe, Gestalt und Güte aus. Es gab kleine Obolosbrötchen und große, ungeheure Laibe, im Clibanus gebackene, auf dem Herde, am Spieß, im Tiegel und auf Kohlen geröstete Gebäcke.

Abb. 30. Altgriechischer Backrost.

Unter den im Herbst 1873 in Tanagra gefundenen Terrakotten, über welche O. Lüders berichtet, befindet sich auch eine Statuette eines Bäckers kniend dargestellt. Er knetet den Teig auf einer Tafel. Vor ihm steht ein Rost und neben ihm liegen die kleinen fertigen gerösteten Gebäcke. Das beste athenische Brot war das Achilleusbrot.

Brot wurde in späterer Zeit nicht mehr im Hause bereitet, sondern von Bäckern fabrikmäßig in Öfen gebacken und besonders von Frauen auf dem Markt und den Straßen verkauft. Auf dem Brotmarkt saßen und standen die Höckerinnen vor ihren vollen Körben oder vor Tischen, auf welchen die verschiedensten Sorten gesondert in Pyramiden aufgetürmt waren.

Ein Schriftsteller des zweiten und dritten Jahrhunderts nach Christus, Athenaeus, erwähnt 72 Arten von Luxusgebäcken, die die Athener Bäcker herstellten. Aelian erwähnt, daß 45 Bäcker ihr Gewerbe öffentlich in der Stadt betrieben. Man muß nun allerdings unter dem, was Athenaeus zur Zeit des Kaisers Commodus als Brot verstand, nicht das verstehen, was man heute mit diesem Namen belegt. Man verstand darunter auch alle Art Gebackenes und Kuchen.

Die Bäcker genossen während der Blütezeit des alten Griechenlandes nicht nur ein hohes Ansehen, sondern die Dienste, die sie dem Staate erwiesen, berechtigten sie zu der Hoffnung, zu den höchsten Ehrenstellen der Republik zu gelangen, ja selbst Senator zu werden.

Abb. 31. Pithoi (Krüge) in Hissarlik.

Platon hat in seinen Dialogen dem berühmten Athener Bäcker Thearion, der in seinem Laden, als einem Versammlungsorte, die ausgezeichnetsten Personen sah, ein ewiges Denkmal gesetzt. Der Beschreibung eines prächtigen Mahles, das ein reicher und verschwenderischer Athener, Dinias, um 363 v. Chr. zur 104. Olympiade seinen Freunden gab, sei die Lobrede von einem der Tafelgenossen, des Aristophanes, auf das Brot entnommen:

„Das Brot, das man auf diese Tafel bringt, selbst das, welches man auf dem Markte kauft, ist von einer blendenden Weiße und von bewundernswertem Geschmack. Die Kunst, es zu bereiten, die im letzten Jahrhundert auf Sizilien und durch Thearion vervollkommnet wurde, zeigt sich in unserer Mitte in ihrem höchsten Glanz und hat nicht wenig zum Fortschritt der Pastetenbäckerei beigetragen. Wir besitzen heute tausend Mittel, um alle Sorten von Mehl in eine ebenso gesunde wie angenehme Nahrung umzuwandeln. Fügt zu dem Weizenmehl etwas Milch, Öl und Salz und ihr werdet die delikaten Brote haben, deren Kenntnis wir den Kappodoniern verdanken. Knetet es mit Honig, wickelt den Teig in dünne Blätter, die sich dem Wunsche des Backenden gemäß rollen lassen, und ihr habt diese Kuchen, die ihr in Wein getaucht habt, und die man noch warm genießen muß. Diese Kügelchen, so süß und leicht, mit Sesammehl, Honig und Öl im Ofen gebacken, sind fast eine Zierde unserer Gegenwart. Nehmt reifen Roggen, zerstoßt ihn in einem Mörser, bringt das Mehl in ein Gefäß, gießt Öl hinein und, während ihr diese Mischung langsam auf dem Feuer backt, gebt nach und nach gekochten Poulardenbrei, gebratenes Zicklein und gesottenes Lamm hinzu; gebt acht, daß es nicht übergehe, und wenn es recht gebacken, tragt es auf! Wir haben Kuchen einfach mit Honig und Milch bereitet, andere, bei denen man dem Honig Sesammehl, Käse oder Öl zumischt. Wir haben endlich solche, in die man Früchte verschiedenster Art einschließt."

Bei fröhlichen Festen, die zu Ehren des Dionysos, des Gottes der Triebkraft der Natur, des Feuchten und Saftigen, abgehalten wurden, den sog. Dionysien, trug man große Brote durch die Stadt Athen. Man feierte in dem Halbgotte Dionysos den Erfinder des Brotbackens.

Schliemann fand in Hissarlik, dem Trümmerfelde des alten historischen homerischen Troja, auf der Halbinsel Gallipoli 6 Fuß hohe imposante Krüge (pithoi) aus Ton gefertigt. Sie standen in einem kellerartigen Raum, in den man nur vom Inneren der dazu gehörigen Wohnung gelangen konnte. Es scheinen diese Tongefässe vorwiegend zur Aufbewahrung von Getreide benutzt worden zu sein. Wir haben es hier wahrscheinlich mit den ersten, einfachsten Silos oder Speicherräumen einer griechischen Bäckerei zu tun.

Aus allem Gesagten geht hervor, daß die griechische Bäckerei bereits eine bedeutende Stufe erreicht hatte, und daß die Bäcker mit ihren verschiedenen Brotsorten selbst der Straße ein gewisses Gepräge gaben.

V.

Zeit der Römer

a) Rösten, Aschebrot und Clibanus

Das frühe Rom hatte noch kein Brot. Man aß die Getreidekörner im halbreifen, weichen Zustand oder man bereitete eine Art Grütze in Suppen oder Breiform, alica oder Dinkelbrei, aus der Zea der Römer, dem Dinkelweizen oder Dinkel.

Der ältere Plinius sagt um 70 n. Chr. in seiner Naturgeschichte: „Die Römer haben lange Zeit von Brei (puls) und nicht von panis (Brot) gelebt, daher nennt man auch jetzt noch dasjenige, das man zum Brot genießt, pulmentarium. Noch jetzt wird an Festen, die aus alter Zeit stammen, namentlich an Geburtstagen, solcher Brei bereitet, den man puls fritilla (gebackenen Mehlbrei) nennt.“ Später wurde das Getreide geröstet und in diesem Zustand genossen.

715 v. Chr. errichtete Numa, der zweite König Roms, zur Erinnerung an die erste Ermahlung von Mehl aus Getreidekörnern ein im Februar zu feierndes Fest, das später in den Adonisfesten und Saturnalien fortlebte, bei denen Backwerk der verschiedensten Arten und Gestalten gebacken wurde. Weiter ordnete er an, daß man das Rösten des Kornes vor dem Mahlen beibehielt, um eine gesündere Nahrung zu erhalten. Öfters ereignete es sich, daß die mit diesem Röstprozeß beauftragten Sklaven statt des Weizens nur eine schwarze Asche im Feuer fanden, darum beteten sie zur Göttin Fornae, die über den Öfen wachte.

Hatte man bisher das geröstete Korn als solches gegessen, so ging man nach der Herstellung des Mehles aus diesem natürlich dazu über, mit dem neuen Produkte neue Speisen zu bereiten. Den aus Mehl und Wasser bereiteten Teig backte man in einer doppelten zweibodigen kupfernen Pfanne, wie man heute Oblaten oder Waffeln herstellt, man nannte es panis clibanices. Andere Brotsorten wurden durch Rösten oder Backen auf heißem Herd hergestellt als panis rostus. Teig, der nur mit heißer Asche bedeckt und so gebacken wurde, gab das panis subcinericius. Auch gab es Brote, die in einer Art glatter Tiegel auf dem Herde und unter einer Art von Glocken erbacken wurden.

Der Clibanus war ein Gefäß, das im alten Rom im Hause zum Backen des bereiteten Dinkelbreiteiges und des Brotes verwendet wurde. Zumeist war es aus Ton oder Eisen hergestellt, manchmal bei Reichen aus edlen Metallen, so bei dem Prahlhans Trimalchio aus Silber. Der Teig wurde in diesen kegelförmigen Topf, der unten weiter als oben und ringsum mit kleinen Löchern versehen war, damit die Hitze gleichmäßiger eindringen konnte, gegeben. Nach dem Bedecken des Geschirres wurde unter demselben Feuer gemacht oder es wurde dieses in heiße Asche gestellt. Der Clibanus ist letzten Endes ein kleiner tragbarer Backofen. Also auch in Rom kannte man zunächst nur die Bereitung des Hausbrotes (panis furnarius) in kleinen Mengen, das jedenfalls ziemlich hart und trocken war, denn wie die Griechen tauchten auch die Römer ihr Brot zum Frühstück in mit Wasser gemischten Wein oder in süße Milch. Es war auch bei ihnen Aufgabe der Hausfrau, das Brot zu bereiten.

b) Lehmbackofen

Am 4. September 168 v. Chr. wurde Perseus, der König der Makedonier, des Volkes, das fast die ganzen Lande des heutigen nördlichen Griechenlandes beherrschte, von dem römischen Konsul Aemilius Paullus in der Schlacht bei Pydna geschlagen. Perseus wurde mit vielen Gefangenen nach Rom geführt. Von den als Sklaven in die Gefangenschaft geschleppten griechischen Bäckern lernten die Römer das Backen gesäuerten Brotes. Juvenal erwähnt in seiner sechsten Satire, daß die alten Römer bei der Teigbereitung süßen, in der Gärung begriffenen Wein verwendeten. Die in Sklaverei geratenen griechischen Bäcker hielt man in einer Art Strafhaus oder Backhaus, dem pistrinum. Entweder von diesem Worte ableitend oder nach den Stampfern (pistores), mit denen die Sklaven die gerösteten Getreidekörner in Mörsern zerstampften, nannte man die backenden Sklaven „pistores".

Diese Bezeichnung hat sich dann später auf den römischen Bäcker selbst übertragen. Das Brotbacken wurde so mehrere hundert Jahre von den Sklaven verrichtet, die nicht nur das Brot zu beschaffen hatten, sondern die sich auch auf die Bereitung von Pasteten und anderem feinen Backwerk verstanden. Solche Konditorsklaven kaufte man um sehr hohe Preise. Für einen kunstverständigen Zuckerbäcker zahlte man 100000 Sesterzien. Eine große Menge von Sklaven und Sklavinnen sorgte für die Beköstigung der Hausgenossen und den Tafelluxus des Herrn. Müller, Bäcker und Bäckerinnen, Küchenfrauen, Küchenjungen und Köche, die sämtlich unter dem Befehl eines Oberkoches standen, bevölkerten das Haus eines Reichen.

Erst allmählich, mit der wachsenden Größe des römischen Reiches und der Erhöhung des allgemeinen Wohlstandes, ging die Bereitung des Brotes für die Gesamtheit auf einzelne besonders geschickte Sklaven über, die sich später die Freiheit erwarben. Ungefähr um 170 v. Chr., da man in Rom anfing, in Backofen zu backen, finden diese als besondere Handwerker Erwähnung. Zur Zeit des Augustus war bei den Bewohnern der ewigen Stadt das Brot bereits eine so allgemeine Kost, daß in ihr an 300 Backhäuser gezählt wurden.

Dem gewaltigen, verheerenden Ausbruch des Vesuvs, der am 24. August 79 n. Chr. die blühende römische Stadt Pompeji mitten im Alltagstreiben überraschte und unter einer meterhohen Bims-

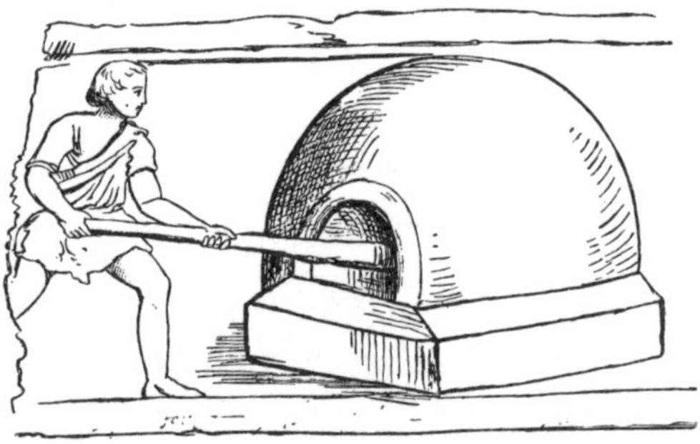

Abb. 32. Römischer Backofen.

stein- und Ascheschicht begrub, verdanken wir eine große Menge überkommener Dinge, die ein helles Licht über das häusliche und gewerbliche Leben der alten Römer verbreiten. Pompeji zählte zur Zeit seines Unterganges etwa 30000 Einwohner. Es war eine kommerziell rege Handelsstadt, in der zahlreiche reiche Römer Sommerhäuser inne hatten.

Die ersten dort bloßgelegten Backöfen stellten in ihrer ältesten und einfachsten Form Erdhügel, die riesigen Termitenhaufen oder Maulwurfshügeln gleichen, dar. Die Herdplatte, zunächst aus einem einzigen großen, flachen abgeplatteten Steinblock bestehend, war nit einem runden oder ovalen Gewölbe überdeckt. Die aus Lehm oder Lehmsteinen errichtete Wölbung erhärtete durch die im Ofen erzeugte Hitze mehr und mehr zu einer festen Ziegelmasse.

In den bereits erwähnten, vorgeschichtlichen Ansiedlungen von Hissarlik wurde von Schliemann ein Verfahren zur Erbauung widerstandsfähiger Mauern festgestellt. Dieses Verfahren bestand darin, daß die Mauer, nachdem sie aus an der Sonne getrockneten Ziegeln vollständig aufgebaut war, durch ein an beiden Seiten entzündetes, mächtiges Feuer gebrannt wurde, und daß, um das Brennen der Backsteine zu vervollkommnen, im Innern der Mauer in verschiedenen Höhen Kanäle angebracht wurden, die es ermöglichten, daß die außen angefachte Glut den inneren Teilen der Konstruktion sich mitteilen konnte. Auf Grund dieser Erfahrungen ging man dazu über, die Herdsohle aus einzelnen ungebrannten Lehmziegeln zusammenzusetzen und die darüber zu errichtende Lehmkuppel durch Lehmziegel und Backsteine zu unterstützen. Diese Öfen haben an der vorderen Seite in gleicher Höhe des Herdes ein einfaches rundes Loch, das Mundloch, durch das zunächst das zum Befeuern des Ofens dienende Holz in das Innere geschoben wurde. Nach dem Anbrennen der Holzscheite zog der sich entwickelnde Rauch zum Mundloche heraus, das mit einem großen Stein oder dicken Holzbrette zur Regelung des Feuerbrandes im Ofen mehr oder weniger weit zugestellt wurde. Nach dem Entzünden entwickelten die mit Holz gefeuerten Backöfen während der ersten Stunden einen grauen Rauch, der durch die Gase entstand, die infolge der Hitze aus dem Holz ausgetrieben wurden, und die nicht die genügende Menge Luft vorfanden, um mit leuchtender Flamme vollkommen verbrennen zu können. Durch die Berührung der Flammen mit den kalten Ofenwänden schied sich außerdem Ruß ab. Nachdem der Ofen durch das allmählich hochlodernde Holzfeuer und die länger anhaltende Glut die genügende Hitze erreicht hatte, was daran zu erkennen war, daß das zu Anfang schwarz gerußte Gewölbe weiß erschien, wurden die letzten Teile der Glut, die ausgebrannten Holzreste und Ascheteilchen, mittels langer Krücken von der Herdplatte entfernt und aus dem Ofen herausgezogen. Ein mehrmaliges Rühren des Feuers beschleunigt den Heizungsprozeß. Mittels eines an eine Stange gebundenen feuchten Sackes oder eines Strohwisches, am Ende eines langen Stabes zusammengebunden, wurde die Herdsohle gesäubert. Nach einer längeren oder kürzer bemessenen Ruhepause, die zur gleichmäßigen Verteilung der Hitze im Ofen diente, dem „Abstehen" des Ofens, wurde das Brot in den Ofenraum geschoben und nach dem Ausbacken mit dem gleichen Schieber herausgeholt. Sehr bald ging man dazu über, an einer Stelle und schließlich an der Rückseite des Lehmgewölbes ein Loch und einen Schornstein anzubringen, mit dessen Zugschieber oder

Klappe eine bessere Regelung des Feuerbrandes im Innern erzielt werden konnte. Diese einfache Form der Backöfen hat sich in ihrem Grundprinzip mit verhältnismäßig wenigen Änderungen bis heute erhalten.

c) Backöfen mit Schutzgemäuer

In dem Privathaus des reichen Pansa, eines Hauses, das durch die Vollständigkeit des Planes und die Harmonie der Anlage zum Musterbild der antiken Häuser geworden ist, finden sich große Geschäftslokale und Läden, die den Schluß zulassen, daß die im eigenen Wirtschaftsbetrieb erzeugten Produkte auch zum Kaufe feilgehalten wurden. Neben diesen Geschäftslokalen zeichnet sich durch Größe, wie durch gute Erhaltung der daselbst befindlichen Vorrichtungen, der an die eben besprochenen Läden anstoßende und einen Teil der linken Seitenfront einnehmende Raum aus, welcher zum Betrieb einer Bäckerei (pistrinum) bestimmt war. Hier finden sich neben dem wohlerhaltenen Backofen die zur Herstellung des Mehles erforderlichen Mühlen, der Backtisch, Wasserbehälter usw.

Abb. 33. Backofen im Hause des Pansa.

Nicht minder interessant ist der im Hause des Sallust gefundene Backofen, der mit einem gewaltigen Schornstein versehen ist. Die untere der beiden halbrunden Öffnungen dient zur Aufnahme des Feuerungsmaterials, die darüberliegende, größere führt durch eine viereckige Öffnung in das Innere des Backraumes.

An gewerblichen Bauten sind bei den seit 1808 systematisch betriebenen Ausgrabungen Pompejis mehrere der dort vorhandenen Bäckereien aufgedeckt, die das Handwerk betreibenden Bäckern gehörten. Eine derselben war in der Nähe des eben erwähnten Hauses des Sallust gelegen und von ihr ist auch der Plan der ganzen Anlage und ihres Ofens überliefert worden. Der Plan dieser ausgegrabenen Anlage ist sehr zweckmäßig erdacht. Rechts und links des Hauseinganges finden wir die zum Verkauf der Erzeugnisse eingerichteten Läden. Um den Hauptwohnraum sind die übrigen Wohngemächer gelagert. Den hinteren Teil des Gebäudes nehmen

Abb. 34. Backofen aus dem Hause des Sallust.

die eigentlichen Betriebsräume ein. In dem 81,6 qm großen Mühlenraum stehen vier große, aus porösen Tuffsteinen hergestellte Mühlen

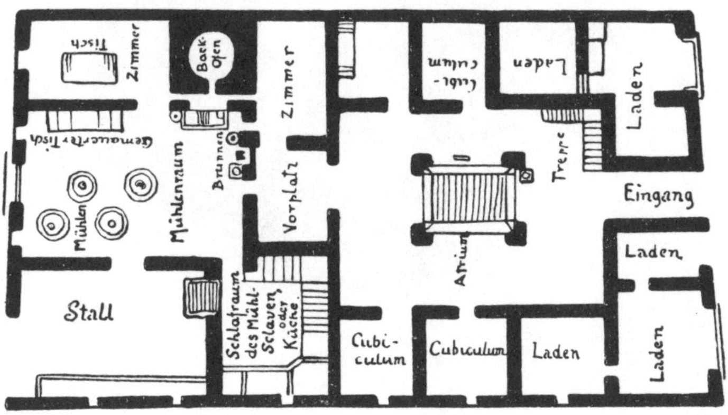

Abb. 35. Plan einer pompejanischen Bäckerei.

und ein großer gemauerter Tisch. Die anschließende Backstube steht in Verbindung mit zwei weiteren Zimmern, in denen wahrscheinlich das Mehl gesiebt und der Teig geknetet wurden oder in deren einem die fertigen Brote aufbewahrt wurden. Der in der Backstube sinnreich konstruierte Ofen ist in seiner inneren Einrichtung schon weit fortgeschrittener als die sonst im alten Rom gebräuchlichen.

Abb. 36. Querschnitt eines pompejanischen Backofens.

Der innere mit einem Gewölbe überdeckte Backraum (a) ist ringsum mit einem viereckigen Überbau (b) umgeben, der infolge der festgehaltenen Luftisolationsschicht die Wärme im Backraum besser hielt und gleichzeitig als Rauchfang für aus dem Mundloch (c) entweichenden Rauch und Dampf, der durch ein Loch (d) ins Freie gelangte, diente. Auch war für die von der Herdfläche herausgezogene letzte Glut und Asche bereits ein Aschenfall (e) vorgesehen, in den diese Reste hineinfielen, und der vor dem Beschicken des Ofens mit einer Steinplatte bedeckt wurde. Vor dem Ofen standen

Abb. 37. Römisches Brot.

Tongefäße, die wahrscheinlich vom Brunnen her mit Wasser gefüllt wurden, das zum Befeuchten der Strohwische, zum Abhudeln der Herdplatte und zum Bestreichen der Brote gedient haben mag. Daß der dort wirkende Bäcker auf den Zuspruch seiner Mitbürger, der Pompejaner, angewiesen war, beweisen die großzügig angelegten Ladenräumlichkeiten, in denen er seine Waren feilhielt. Hier war allerlei Backwerk zu haben. Gewöhnliches Brot, runde oder auch viereckige, nur etwa 2 Zoll dicke Stücke, gewöhnlich mit vier Einschnitten, aber auch solche mit 6 bis 8 Einschnitten, damit man das Brot leicht brechen konnte, aus Gerste und Kleie für Sklaven und arme Leute, aus Weizen für Wohlhabendere sind hier aufgestellt. Daneben aber ist noch feineres Gebäck zu kaufen, kleine, runde Brötchen und Kuchen aller Art, namentlich Honigkuchen in den verschiedensten Formen und Figuren. Vor dieser, wahrscheinlich in größerem Umfange betriebenen Bäckerei war als Ladenschild eine von einem Maultier getriebene Mühle angebracht.

Abb. 38. Ladenschild einer pompejanischen Bäckerei.

Es geht daraus hervor, daß eine Trennung der beiden Gewerbe Müllerei und Bäckerei noch nicht statthatte, denn überall finden wir Backöfen und Mühlen vereint, daß aber andererseits die Römer infolge des ständig steigenden Bedarfs an Mehl dazu übergingen, ihre Mühlen durch Pferde, Maultiere oder Esel zu betreiben.

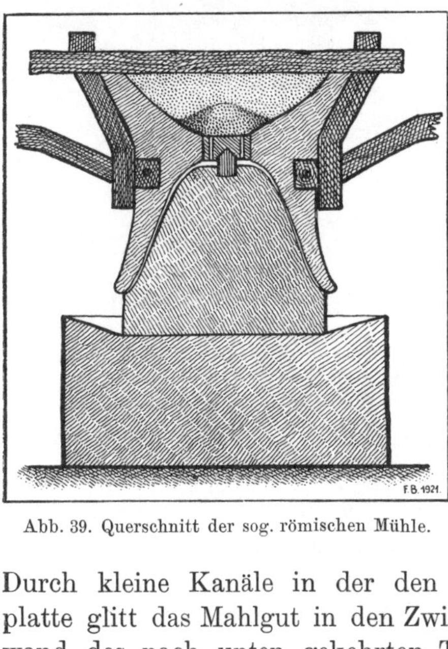

Abb. 39. Querschnitt der sog. römischen Mühle.

Die Konstruktion der sog. römischen Mühle ergibt sich aus der nebenstehenden Abb. Über die steinerne Basis, die in einen massiven Steinkegel übergeht, ist ein steinerner Doppelkegel derartig gestülpt, daß die nach oben gekehrte Hälfte als Trichter zum Einschütten des Getreides diente. Durch kleine Kanäle in der den Doppelkegel tragenden Eisenplatte glitt das Mahlgut in den Zwischenraum, der von der Innenwand des nach unten gekehrten Trichters und der Außenfläche des stehenden Kegels gebildet wurde, um hier zermalmt zu werden. Durch das den Kegel umfassende Holzgebälk wurde die Mühle bewegt.

In den verschiedensten Straßen der Stadt haben sich wohl genau so wie in unserer Zeit Bäckereien befunden, die die einzelnen Stadtteile mit dem nötigen Brot versorgten.

Im Museum von Neapel sind eine Anzahl von Broten aufbewahrt, die sich in einem zur „Casa di Marta e Venere“ gehörigen Back-

Abb. 40. Rekonstruktion einer pompejanischen Bäckerei.

ofen fanden. Es sind dies eine große Anzahl verkohlter, sonst aber in ihrer Form noch gut erhaltener Brote.

Die Trennung der Mühle von der Bäckerei trat wahrscheinlich erst im 6. Jahrhundert ein, obgleich man bereits oberschlächtige Wassermühlen kannte. Belisar ließ, als er vom Gotenkönig Vitiges im Jahre 536 in Rom belagert wurde, und die Wasserzuführungen nach Rom von den Goten verstopft wurden, auf der Rom durchfließenden Tiber Wassermühlen einrichten, die durch die Kraft des Stromes getrieben wurden. Später baute man solche Flußmühlen in größerem Maßstabe, die natürlich eine Trennung vom Backofen nach sich zogen.

d) Hausbacköfen

Außer den in größerem Umfange eingerichteten Backstuben in den Häusern der Reichen, wie denen des Pansa und des Sallust, und den gewerbsmäßig betriebenen Bäckereien, fand man in einfacheren Mietswohnungen kleinere Öfen, die von einem bestimmten Diener oder Sklaven bedient wurden. Das umstehende Bild zeigt

Abb. 41. Römischer Bäcker vor einem Hausbackofen.

uns einen solchen Bäcker vor einem Hausbackofen aufmerksam sein Werk betrachtend. Der Durchschnitt des Ofens läßt die höchst primitive Einrichtung deutlich erkennen. Man bemerkt hier auch, daß

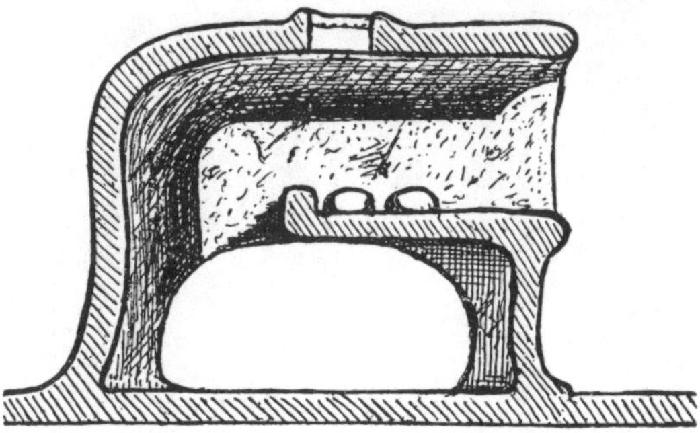

Abb. 42. Querschnitt eines römischen Hausbackofens.

sich der Schornstein zunächst noch in der Mitte der Wölbung befindet, so daß die volle Ausnutzung der vom Holz erzeugten Hitze nicht möglich war.

e) Innungswesen

Um die Entwicklung des Brotverbrauches zu begünstigen, errichteten die Müller in ihren Wassermühlen große Backöfen, die sie den bei ihnen Mehl kaufenden Kunden ohne Entgelt zur freien Benutzung zur Verfügung stellten. Man nannte diese öffentlichen

Öfen, an denen sich die „schwatzhaften“ Frauen zum Brotbacken versammelten „pristrinae garrulae“. Später erbaute man solche eigentlichen Gemeindebacköfen auch außerhalb der Mühlen und wegen der Feuersgefahr an etwas entfernten Orten.

Allmählich taten sich die Handwerker zu einer Art von Innungen zusammen, eine Einrichtung, die auf den König Numa zurück-

Abb. 43. Grabdenkmal des Eurysaces.

geführt wurde. Es bestanden neun Collegia opifica. Die neunte Zunft vereinigte anfangs alle neu entstehenden Gewerbe und Kollegien. Zu diesen neu ins Leben tretenden Innungen gehörte unter anderen die der Bäcker. Zur Zeit des Kaisers Ulpius Trajanus 98—117 n. Chr. zwang man im kaiserlichen Rom die Hersteller des Brotes zu festen Verbänden, wodurch die alten Korporationen der Pistores (Bäcker) entstanden.

Der Name eines dieser Pistores war an seinem Grabdenkmal zu entziffern und ist dadurch überliefert worden.

Vor der Porta maggiore, dort wo einst die Via labicana und praenestina in einem spitzen Winkel zusammenstießen, wurde dies Grabmonument im Jahre 1838 wieder entdeckt. Nach der Inschrift: „Est Hoc Monumentum Marcei Vergysacis Pistoris Redemptoris Apparet“ ließ der Bäcker und Brotlieferant M. Vergilius Eurysaces für sich und seine Gattin Atistia dieses Monument setzen. In Berücksichtigung seines Gewerbes ließ dieser Bäckermeister seine Ruhestätte auf eine ziemlich absonderliche Weise mit den Sinnbildern seines Handwerkes schmücken. Er gab dem Monument den Namen eines Brotkorbes „panarium“. Auf einem Unterbau erhob sich eine Anzahl hohler Säulen ohne Basen und Kapitäle, je zwei und zwei durch einen Pfeiler getrennt, deren jede aus drei Stücken in Gestalt von Kornmassen bestand. Darüber folgte der mit Inschriften bedeckte Fries, auf dem sich ein Oberbau erhob mit regelmäßigen runden Vertiefungen, welche ebenfalls als liegende Kornmasse gebildet waren. Der ganze Bau wurde von einem

Abb. 44. Knetmaschine vom Grabdenkmal des Eurysaces.

Fries gekrönt, auf dem zuerst die Abschließung eines Vertrages über eine Brot- und Getreidelieferung dargestellt war. Hierauf folgten zwei mit dem Sieben von Mehl beschäftigte Gesellen. Die Siebe, welche mit einem hohen Rand umrahmt waren, wurden über einem Tische geschüttelt. Dann folgen zwei Mühlen in der früher beschriebenen Form von Eseln gedreht, bei einer derselben der Treiber mit der Peitsche stehend, während bei der anderen ein Mann damit beschäftigt war, das unter dem catillus hervorkommende Mehl in einem Gefäße aufzufangen oder aus der Rinne des Postamentes auszuschütten. An den weiteren Tischen standen nochmals Siebtröge und knetende Gesellen. Auf der entgegengesetzten Seite wurde in einer durch Pferdekraft bewegten Knetmaschine das Mehl dadurch zum Teig geknetet, daß an der Mitte der Stange sich ein Querbalken befand, welcher die Masse im Troge durchrührte. Um zwei neben dem Backofen stehende Tische saßen vier Sklaven, die die Brote aus freier Hand formten. Auf einer dritten Seite des teilweise zerstörten Frieses wurde die in Körben herbeigebrachte Ware unter Aufsicht eines Beamten, vielleicht des zur Beaufsichtigung des Getreidewesens bestimmten praefectus annonae, gewogen.

VI.
Alte Backarten in heutiger Zeit

Neben den Ländern mit höchster Kultur findet man auf der Erde Völkerschaften von äußerster Armseligkeit und Selbstzufriedenheit. Man kennt ganze Erdteile, die sich bis in die neueste Zeit den sich seit Jahrtausenden verbreitenden Wogen der Kultur verschlossen hielten. Innerhalb der Kulturländer selbst trotzen einzelne Gruppen dem Eindringen höherer Gesittung. Weiter werden heute Länder, deren einstiger kultureller Hochstand vorbildlich für die ganze Erde war, von Völkern bewohnt, die in ihrer kulturellen und industriellen Entwicklung einen Vergleich mit den einstigen Bewohnern dieser Zonen kaum ertragen können. Gerade solche Völker geben uns Gelegenheit, die Anfänge systematischer Kulturarbeit in höchster Ursprünglichkeit zu studieren. Auch muß es auf das merkwürdigste berühren, daß Völker, deren Geschichte weit älter ist als die der Germanen, und deren technische Errungenschaften vorbildlich für die Nachkommenden wurden, heute bei der Bereitung ihres Hauptnahrungsmittels ihre Zuflucht zu Herstellungsmitteln nehmen, die einen merklichen Rückschritt erkennen lassen. Ehe daher die Entwicklung des Backofens bei uns Germanen in seinen einzelnen Stufen geschildert werde, sei es gestattet, noch einen Blick auf die Brotbereitungsarten von Völkern obengenannter Art zu werfen.

a) Außereuropa

Das Wunderland Indien soll nicht nur die Wiege des Menschengeschlechtes gewesen sein, sondern auch die der ersten Kultur. Die frühesten Berichte und die ältesten Sagen der alten Rig-Veda schildern bereits die ackerbauende Klasse als in kleinen Gemeinden vereinigt. Zur Zeit, als sich in Ägypten die Keime einer beginnenden Kultur erst bemerkbar machten, herrschte in diesen angeblichen Gefilden des einstigen Paradieses schon eine hochentwickelte Kultur. Und die älteste indische Kultur begann bereits zu sinken, als Hellas und Rom noch nicht im Raume des Welttheaters erschienen waren. Die Sinder, die eigentlichen Ureinwohner des Landes, haben sich ihre Ursprünglichkeit in Jahrtausende alter Überlieferung bewahrt.

Mit der anbrechenden Morgenröte beginnt die Frau das Korn für den Tagesbedarf zu mahlen. Das Getöse der mit Emsigkeit gedrehten kleinen Mahlsteine unterbricht als erstes Geräusch die Stille der scheidenden Nacht. Entsprechend der Ermahlung des Mehlschrotes war die Bereitung des Brotes.

Abb. 45. Altindische Handmühle.

Auf einfachstem Backgerät zwischen heißen Steinen werden die kuchenartigen, meist aus Maisschrot hergerichteten Fladen gebacken.

Im Monat Dezember feiert der Inder das Fest der Kuchen. Zu dieser Zeit bereitet sich das Volk eine Art von Gebäck, die im Gegensatz zu den sonst feilgehaltenen harten Fladen ihnen eine Delikatesse bedeutet und in großen Mengen genossen wird. Zu Mehl gestoßener Reis wird mit wenig Wasser

Abb. 46. Indier Fladenbrot backend.

zu einem Teig geknetet und dieser mittelst der Hände zu einer hohlen Halbkugel geformt, so daß eine Art Schale entsteht. In den Innenraum wird eine Mischung von Kokosnußkernen und Rahm gefüllt und der Inhalt sorgfältig bedeckt. Diese geschlossene Schale wird in ein Gefäß mit kochendem Wasser gesetzt und nach fünf Minuten ist der bengalische Kuchen erster Qualität fertig. Also auch bei der Herstellung dieses Feingebäckes begegnen wir einer Einfachheit, die sich mit den Ansprüchen unserer Zeit kaum in Einklang bringen läßt.

In einzelnen Teilen Abessiniens wird das Brot auf eine ganz eigentümliche Weise bereitet. Aus dem gekneteten Teige wird eine Halbkugel geformt und in die Höhlung derselben ein glühend gemachter Stein gelegt. Die Teigmasse wird hierauf zu einer Kugel

Abb. 47. Indische Soldaten Maisbrot bereitend.

geformt, die den Stein vollkommen umschließt, und dann auf glühende Kohlen gesetzt. Wie leicht erklärlich, ist das Brot in kurzer Zeit ausgebacken.

In Persien kannte man Weizen, Gerste und Reis als natürliche, wildwachsende Produkte schon von der Zeit des Zoroaster, eines Zeitgenossen Cyaxares I., Königs der Meder, 634 Jahre vor unserer Zeitrechnung. Noch jetzt wird fast in jedem Hause das gebräuchliche Brot „Nañe laewãsch“ selbst bereitet. Das aus dem gesiebten Weizenschrot gewonnene, auf öffentlichen Mühlen oder häuslichen Handmühlen ermahlene Weizenmehl wird ohne Sauerteig mit Wasser zum Teig angeknetet. Während der Teig einige Zeit der Ruhe überlassen wird, richtet man den Ofen an, der von besonderer Bauart ist. Derselbe besteht aus einem krugähnlichen, irdenen Gefäße oder einer Tonne von 2 bis 3 Fuß Durchmesser, die bis zu drei Vierteln ihrer Höhe in die Erde eingegraben wird und mit einem Deckel verschließbar ist. Das Gefäß wird geheizt mit Kuchen, mit gehacktem Hirse- oder Durrastroh und mit getrocknetem Esel- oder Kamelmist, die auf dem Boden der Tonne abgebrannt werden. Nach dem Bedecken des Gefäßes wird der in handbreite Fladen ausgewalzte Teig an die Wände des Ofens geklebt bis er von selbst herabfällt.

Abb. 48. Syrische Familie Fladenbrote backend.

Ein Verfahren, das dem der Ägypter zur Zeit Ramses III. sehr ähnlich erscheint. In Ispahan fanden sich auch gemauerte Backöfen, deren Boden mit kleinen runden Kieselsteinen belegt ist. Sie werden mit gleichem Material geheizt. Bei diesen Öfen klebt man die Fladen nicht an die Wände, sondern legt sie auf die Kieselsteine. Auch der gewerbsmäßige persische Bäcker bedient sich eines Ofens, der nicht größer ist als jener des Privatmannes. Er befindet sich daher in andauernder Tätigkeit, den Teig zu kneten, den Ofen zu heizen und das Brot zu backen. Eine Tätigkeit, die mit dem Aufheizen des Ofens, das ungefähr 5 Minuten dauert, und dem Ausbacken des Brotes, das eine Viertelstunde in Anspruch nimmt, den Zeitraum einer halben Stunde umspannt. Außer diesem gebräuchlichen Fladenbrote gibt es auch ein sehr dünnes, oblatenförmiges Brot, das auf heißen Kupferplatten gebacken wird.

Syrien bezeichnete einst den gesamten Umfang des assyrischen Reiches. Die Urbewohner Syriens, von denen die Aramäer als die

Abb. 49. Pueblo.

bedeutendsten schon im frühesten Altertum erwähnt werden, waren gewaltige Städtebauer (Heliopolis). Heute sehen wir Frauen aus Syrien ihre flachen Brote auf dünnen Platten über glimmender Glut rösten. Das dünne scheibenförmige, aus Wasser und Mehl bestehende Gebäck soll unseren „Fridaken" sehr ähnlich sein, nur daß diese etwas dünner sind. Ähnlich haben wir uns die „Maza", das Gerstenbrot der alten Griechen, vorzustellen, die ebenfalls ungesäuert war.

Rudolf Gronau, der eine Chronik der spanischen Eroberungszüge im neuentdeckten Amerika schrieb, berichtet uns von dem Feldzuge des spanischen Führers Coronados im Jahre 1540 in den Gegenden des heutigen Texas. In den Ausläufern eines Gebirges am heutigen

Zuñiflusse trafen die Spanier auf das Indianerdorf Cibola, eine Niederlassung der Pueblo-Indianer, deren Bewohner wie folgt beschrieben sind. Die Eingeborenen waren tüchtige Ackerbauer. Außer Mais wurden wohlschmeckende Bohnen, riesige Kürbisse, Baumwolle, Tabak und roter Pfeffer gezogen. Der Mais wurde nicht nur in grünem Zustande gegessen, sondern auch zu einem feinen Mehl

Abb. 50. Kariben.

zermalmt und zu einem sehr wohlschmeckenden Brote verbacken. Dies letztere geschah, indem das Mehl mit Wasser zu einem dünnflüssigen Teig vermischt und mit der Hand schnell über einen flachen, glühend heißen Stein gestrichen ward. Da der Teig nur ganz dünn aufgetragen wurde, so backte derselbe fast augenblicklich und bildete eine graue, leicht abzuhebende Masse in der Stärke eines Papierbogens. Einer dieser Bogen kam auf den andern zu liegen, bis die verschiedenen Schichten eine beträchtliche Höhe erreicht hatten.

Um Abwechslung in die gleichförmige Masse zu bringen, wurde der Mais beim Enthülsen, je nach der Farbe der verschiedenen Körner, sorgfältigst sortiert und so mehrere Sorten verschieden gefärbten Mehles gewonnen, dementsprechend die einzelnen Schichten des Brotes bald grau, bald gelblich, bald grün, bräunlich oder rötlich erschienen. Daß die Pueblo-Indianer außer dieser Brotbereitung auf heißen Backsteinen auch eine andere in Öfen kannten,

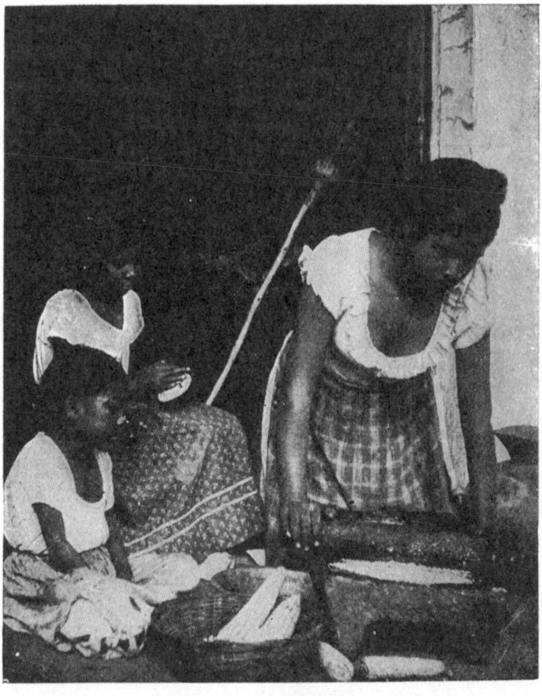

Abb. 51. San Salvador.

geht aus der Beschreibung eines Dorfes derselben hervor, in der gesagt wird, daß die Eintönigkeit der festungsartig gebauten Häuser, welche aus an der Sonne getrockneten Lehmziegeln errichtet waren, durch die großen Termitenhaufen ähnelnden Backöfen eine angenehme Unterbrechung erfuhr.

Die Abbildung 49 zeigt uns die Südstadt des heutigen in seiner Ursprünglichkeit erhaltenen Pueblos, das kürzlich von einem schweren Erdbeben heimgesucht wurde. Die im Vordergrunde der Häuser stehenden Backöfen sind Lehmöfen einfachster Art. Zum Entweichen des sich entwickelnden Rauches und zur Regulierung des Zuges ist in der Nähe der Spitze der Lehmkuppel ein Loch vorgesehen, das den Ersatz eines Schornsteines in primitivster Weise versinnbildlicht.

Unser Bild 50 zeigt Kariben, einst ein gewaltiges, herrschendes kriegerisches Indianervolk am Orinoko und Amazonenstrom, ihre flachen Kuchen herstellend, so wie sie ihre Urahnen backten, deren Seelen in längst vergangenen Zeiten vom großen Geiste aufgenommen worden sind.

Im Flußgebiet des Rio Feio im Staate Santo Paulo, Brasilien, lebt eine nur noch aus mehreren tausend Angehörigen bestehende

Abb. 52. Hopifrauen Brot bereitend.

Völkerschaft der Kaingang-Indianer. Die Bereitung ihres Brotes „Jamin-báng“ ist insofern interessant, als sie eine systematische Säuerung und Verwendung der beobachteten Gärungserscheinungen erkennen läßt. Der von den Indianern angebaute und ausgeschlagene Mais wurde zum Quellen und Keimen der Körner in einem Korbe einige Tage in einen Fluß gehängt. Nach dem Herausziehen des Korbes wird der Inhalt in einen aufrechtstehenden ausgehöhlten Baumstumpf geschüttet und von Frauen mit Holzpfählen zu einem groben Brei zerstampft. Der vorher verwendete Korb wird mit großen Blättern sorgfältig ausgelegt, dann mit dem Maisbrei angefüllt und mit Blättern fest zugedeckt. Nach mehreren Tagen hat der Brei einen stark sauren, unserem Sauerkraut ähnlichen Geruch. Der Brei wird als solcher oder mit Maismehl gemischt in Blätter gewickelt und in glühender Asche gebacken. Nach Prof. Koch-Grünberg backen die Indianer am oberen Xingu (Brasilien) die Maisfladen auf heißen Tonplatten, ebenso, was jetzt aber seltener vorkommt, auf glühenden Steinen.

Abb. 53. Japanische Hausbäckerei.

San Salvador, an der Stelle der alten Stadt Cuscutlan erbaut, die Hauptstadt des mittelamerikanischen Staates, zeigt uns im Bilde 51, wie eingeborene Frauen kleine Kuchen aus grobgequetschten Maiskörnern höchst urwüchsig zusammenkneten.

In Abildung 52 führen uns die Hopifrauen durch ihre mit einem eintönigen Gesang begleitete Arbeit die Bereitung ihres Brotes vor. Das mit einem zylindrischen Steine auf passender Unterlage ermahlene Maisschrot wird mit einem Grasbüschel in das durch

eine Scheidewand getrennte Vorratsabteil gefegt und in der daran anschließenden Beute zum Teige geknetet. Die backende Indianerin formt auf dem durch Holz- und Reisigfeuer von unten erhitzten Stein die Kuchen, während die letzte Arbeitsgenossin die fertiggerösteten, fladenartigen Brote sammelt. Ein Backgerät einer Konstruktion, wie es kaum einfacher beim Urmenschen zu finden war.
Das ethnographische Museum in Neuenburg (Schweiz) besitzt eine tönerne, halbkugelförmige, mit einem Handgriff versehene Backglocke aus Cerro de Pasco in Peru (5000 m über dem Meer), wie solche die dortigen Indianer benützen.

b) Europa

Von europäischen Parallelen primitivster Art des Brotbackens sei hier die Angabe von Maurizio erwähnt, nach welcher sich Reste der ursprünglichen Backweise beim polnischen Landvolk erhalten haben. Auf flachen Steinen, die im Kamin stark erhitzt wurden, wurde der Buchweizenbrei aufgetragen und daraus Fladen gebacken. Hierher gehört auch die Beobachtung von Fischer, daß in Rumänien auf großen flachen Steinen, die sich von Mutter auf Tochter forterben, sog. „lespede", nachdem sie vorher scharf im Feuer erhitzt wurden, allerhand fette Fladen, beispielsweise mit Schafkäse gefüllte, gebacken wurden.

Aus der Bretagne erwähnt Haberlandt ein höchst einfaches Backgerät in Form einer runden Eisenplatte „pladenec" die auf einem Dreifuß ruht und durch das unter derselben unterhaltene Feuer erhitzt wird. Haberlandt berichtet über die Herstellung dieses Brotes, das aus einem dünnen Buchweizenmehlteig bereitet wird, daß der Teig auf die erhitzte Eisenplatte gegossen, mit einem Spachtel geebnet und öfter umgewendet wird. Waren diese Fladen früher niedrig und breit, so werden sie heute schon mehr in Krapfenform gebacken.

Hella Schürer von Waldheim berichtet von den Basken (Basses Pyrènées, Frankreich), wie diese aus kaum gesäuertem Teig Maisfladen bereiten, indem sie diese entweder an ein rostartiges Gestell neben dem Herdfeuer anlehnen oder sie in eine senkrecht stehende eiserne Klammer einzwingen, welche drehbar an einem eisernen Stiel befestigt ist, und die es so ermöglicht, beide Seiten des Fladens abwechselnd dem Feuer auszusetzen. Die im letzteren Gestell mit dem Namen „Arthogeritzeko" bereiteten Fladen haben eine viereckige Form.

Petter berichtet von den Morlaken, armen Gebirgsbauern des Festlandes von Dalmatien, daß sie ein schlechtes, aus Moorhirse und Gerstenmehl zusammengesetztes Brot auf eine ganz primitive Weise erzeugen. Das Mehl wird mit Wasser vermengt, ein Teig ohne Zusatz von Salz geknetet, und dieser auf die heiße Herdplatte gelegt. Eine Backglocke wird darüber gedeckt, Feuer darauf gelegt und nach kurzer Zeit ist das Brot fertig.

Daß man in Dalmatien außer diesem täglich gebackenen Fladen auch ein Festtagsbrot kennt, teilt Hella Schürer von Waldheim nach einer ihr zugegangenen brieflichen Mitteilung wie folgt mit:

Nachdem die Hausfrau das Mehl auf der steinernen Mühle gemahlen und dann gesiebt hat, nimmt sie einen Teil desselben, knetet ihn mit der Hefe, welche sie von dem Teig eines vorhergehenden Backens bekommen hat, und macht den Teig. Diesen formt sie mit den Händen in eine runde Form, legt

Abb. 54. Lopar, verzierte Backschaufel aus der Gegend von Sinj in Dalmatien.

den Laib auf die Brotschaufel, deckt ihn mit einer warmen Decke zu und läßt ihn so 2 bis 3 Stunden, bis sich die Gärung vollzieht. Unterdessen wird auf einem niedrigen, viereckigen, mit Ziegeln gepflasterten Hausherd Feuer gemacht, welches die Ziegel erwärmt. Hierauf werden Asche und Glut beiseite gekehrt, auf dem erwärmten Platz wird die Schaufel mit dem Brot umgekehrt und die Schaufel weggenommen, so daß das Brot auf seinem ungezierten Teile liegen bleibt und der gezierte (früher der untere), welche Verzierung sich während der Gärung vollzogen hat, jetzt der obere bleibt. Jetzt wird der Brotlaib mit einem anderen Gefäß bedeckt, das aus Tonerde gemacht und rund ist, und die Form eines Stanleyhutes hat (kroatisch: criepnja oder saksija — ein Wort wahrscheinlich türkischer Abstammung), auf das einen Durchmesser von etwa 40, 50 bis 60 cm habende Gefäß wird wieder warme Asche und Glut gelegt, damit das Brot gebacken werden kann. Dieses Gefäß hat auswendig wieder verschiedene Verzierungen, welche der volkstümlichen Töpferkunst gehören und wird zuletzt durch ähnliche eiserne Geräte ersetzt. Das gezierte Brot wird nur zu Festlichkeiten gebacken, für die Bereitung des gewöhnlichen täglichen Brotes dienen Backöfen, welche für diesen Zweck aus Steinen, Ziegeln, Tonerde usw. erbaut sind.

In dem kleinen städtischen Museum in Kaysersberg (Elsaß) fand Professor Rütimeyer jetzt eine Backglocke „Tortenpfanne“ genannt. Wenn der Unterteil dieser Backglocke auch nicht die Verzierungen der eben beschriebenen Backschaufel von Sinj aufweist, so wird man sich die Art der Verwendung dieses Backgeschirrs doch genau so vorstellen müssen. Nach Angabe des Eigentümers ist es 80—100 Jahre alt.

Es ist eine flache Pfanne von 49 cm Durchmesser aus verzinntem Kupfer, auf drei Beinen stehend, darüber ein Deckel mit einem etwa 5 cm hohen Rand, auf den glühende Kohlen kamen, ebenso wie unter die Pfanne. Es werden darin bei festlichen Gelegenheiten

Abb. 55. Backglocke aus dem Elsaß. Museum von Kaysersberg.

feinere Torten gebacken. Sie sollen im französisch sprechenden Teil der dortigen Vogesen und im benachbarten Gebiet von Frankreich und Lothringen noch gebraucht werden.

Ebenso enthält das Elsässische Museum in Straßburg in der dortigen alten Elsässer Küche eine Backglocke in Form einer Metallschale mit Kupferdeckel, mit Steilrand und Griff; auf den Deckel sowie unter die 4 Füße des Gefäßes wurden glühende Kohlen gelegt. Das Stück ist aus dem 18. Jahrhundert und wurde für Kuchenbäckerei gebraucht. Es soll angeblich ebenfalls in den Vogesen und dem angrenzenden Frankreich noch gebraucht werden.

Auch in Kleinasien werden nach Benndorf die Brotfladen auf gestielten runden Scheiben aus Eisenblech erhitzt.

Im bosnischen Plivatale wird ein Brot, „kuruza“ genannt, aus Maismehl verzehrt. Der Teig wird mit kaltem Wasser angemacht und auf der kurzen Brotschaufel „lapar“ gut durchgeknetet. Dann wird neben dem brennenden Herdfeuer eine genügend große Stelle reingefegt, mit Mehl bestreut und der Brotteig daraufgeschoben. Der eiserne oder irdene Backdeckel wird erhitzt, daraufgestürzt und das Ganze mit glühender Asche bedeckt. Zwischen Brot und Decke wird mitunter auch ein Kürbisblatt gelegt, damit das Brot nicht zu schwarz werde. Nach ungefähr einer halben Stunde wird das Brot hervorgenommen und sobald als möglich warm gegessen, da es bald hart wird. Ein solches Brot wird gewöhnlich täglich vor der Hauptmahlzeit gebacken. Das Sonntagsbrot im Plivatale wird, aus gesäuertem Gersten- und Weizenmehl bestehend, vorher mit dem Brotstempel verziert.

In der Türkei, auf dem Lande, bedient man sich einer Art von Backofen, der tief in die Erde eingelassen wird. Der in dünne Fladen ausgewalzte oder in Platten ausgeknetete Teig wird von außen gegen den heißen Ofen gestellt und ist in kürzester Zeit ausgebacken. Ami Boué sah in den Bergen von Montenegro und an den Meeresstrecken Oberalbaniens ein ohne Hefe bereitetes Weizenbrot „Pogača“, türkisch genannt „Eschiamur“, serbokroatisch „Koas“. Man gibt den Teig in eine Schüssel aus Ton oder Gußeisen. die vorher erwärmt wird. Der Teig wird dann mit heißer Asche und glühenden Kohlen bedeckt. Die armen Leute legen in Ermangelung dieser Formen den Teig an eine warme Stelle des Herdes und bedecken ihn mit heißer Asche. In ganz Albanien wird auf dem Herde mittelst einer Glocke, die den Ofen ersetzt, gebacken. Nopsca hebt das Vorkommen von 4 Backöfen im Dorfe Wilsa, nordöstlich von Skutari, besonders hervor.

Noch heute findet man im Osten unseres Reiches, in Litauen und Polen, hauptsächlich aber in Galizien, Russisch-Polen und in ganz Rußland Brote, die nach Maurizio einen hohen Prozentsatz an Sand enthalten, der einerseits dem nur roh gereinigten Korn anhaftet, und andererseits von dem Steinläufer der steinernen, noch fast in jedem Haushalt gebrauchten, Handmühlen stammt. Oft nutzt sich der Steinreiber so weit ab, daß er erneuert werden muß. Auch hier im Osten war die Getreidenahrung der uralte Brei und der diesem verwandte Fladen. Der ursprünglich wasserstreifige Fladen wurde noch warm genossen. Heute backt man auch dort schon gesäuerte Fladen, die trotz ihrer starken Wasserstreifenbildung den Übergang zum eigentlichen Brote darstellen. Ein ähnliches, aus Hafer und Gerste bestehendes Fladenbrot bereiten die Bojken

Galiziens, das auf einem Holzrost gebacken wird, wie es auch bei den Lappen vorkommt. Nach den Schilderungen Byhans bereiten die Polarvölker wie die Ostjaken, Jennisseier und Samojeden ihr Brot auf ähnliche Weise wie die Lappen und Ruthenen.

Hella Schürer von Waldheim hatte Gelegenheit, im Eggental und im unteren Ötztal das Brotbacken zu beobachten und berichtet darüber, daß nur im Material eine Verschiedenheit liegt, während die Brotbereitung durchaus ähnlich ist. In Welschnofen im Eggental gelangt Roggenmehl, in Ötz Maismehl, auch „Türkenmehl" genannt, zur Verwendung. Am Abend vor dem Backtag knetet die Hausfrau aus Mehl und ein wenig Hefe oder Germ, die vorher mit lauwarmem Wasser aufgelöst wurde, einen Teig, formt kleine, niedrige Laibe und läßt diese auf Brettern über Nacht in einem warmen Raume gehen. Am nächsten Morgen sind die kleinen Laibe etwas höher geworden, doch nur geringfügig, denn das Verhältnis der Hefe zum Mehl beträgt ca. 10 g zu 40 kg! Die Dicke der Brote beträgt am Rande 1 cm, in der Mitte höchstens $1^1/_2$ cm. Hie und da verwendet die Bäuerin noch ein Stück Teig vom letzten Backtag als Ferment, das im Laufe der Zeit sauer geworden ist. Das Backen selbst erfordert die Tätigkeit von drei Personen. Eine trägt nacheinander alle Bretter, auf denen die Fladen liegen, in den Backraum; dort reiht die zweite Fladen an Fladen mit Hilfe einer Holzkehle auf eine lange Backstange, auf der sie von einer dritten Frau in den Backofen geschoben werden. Nach dem Ausbacken kommen die Brote auf dem Brotgitter zum Auskühlen. Im Laufe der Zeit wird das Brot so hart, daß es mit einem besonders dazu bestimmten Instrument, „Brotgrammel", auseinandergehackt wird.

Nach Rhamm aß man früher im Zillertal das sog. „Grischenbrot", ein Kleiebrot und diesem verwandt in Kärnten ein „Suppenbrot". Derselbe Autor berichtet von dem nordschwedischen Bauernbrot, dem „Spisebröd" und „Tunnbröd", die beide von geringer Dicke, großem Durchmesser sind und nur zweimal im Jahre gebacken werden.

Die Bereitung wohl derselben Art von Dauerbrot, der sog. Walzkuchen in Norwegen, führt uns in Bild 56 eine norwegische Bäuerin vor. In geschickter Weise versteht diese, mit einem einfachen Stabe die dünnen, großen Brotfladen zu wenden, um sie auf dem vorher erhitzten großen Steine auszubacken. Ein Backgerät, wie es wohl kaum ursprünglicher der Urmensch gebrauchte.

Aus Norwegen schildert Lund eine Methode, wonach auf

einer eisernen Platte oder auf einer solchen aus Giltstein der zu backende Fladen aufgelegt, die Platte schräg aufgestellt, und durch ein kleines Feuer von der Vorderseite und glühende Kohle auf der Hinterseite so erhitzt wird, daß das Brot gebacken wird.

Zur Illustration des ungeheueren Konservatismus, mit dem an uralten Methoden der Nahrungsbereitung festgehalten wird, sei

Abb. 56. Norwegische Bäuerin Fladen backend.

erwähnt, daß Wagner den ärmsten und abgelegensten Dörfern Sardiniens noch die prähistorische und spätere, bei nordamerikanischen Indianern noch jetzt übliche Verwendung des Eichelmehles zum Backen von Brotfladen gefunden hat. Die Eicheln werden dort gekocht, in einem Mörser zerstampft und mit einem Walzholz zu Brei zerquetscht, der auf einer Steinplatte mit eisenhaltiger Tonerde vermengt wird, um den Eicheln ihre Taninsäure zu nehmen. Die so bereiteten Fladen werden mit Öl oder Fett gebacken.

Würde man diese Forschungsreise über die ganze Erde ausdehnen, so fänden sich wohl an manchen Orten unter Völkerschaften, die die Träger längst vergessener ältester Kultur darstellten, oder unter noch wilden Völkerstämmen ähnliche Arten der Brotbereitung und Gerätschaften zur Brotherstellung wieder, wie sie im vorhergehenden bereits geschildert wurden.

Auf deutschem Volksgebiet diente zum Backen lediglich die Herdfläche als Unterlage. Die in Südosteuropa gebräuchlichen Backglocken stellen die unmittelbaren Nachkommen der in vorgeschichtlicher Zeit sich vorfindenden Geräte dar. Eine interessante Fortbildung des Gebrauches, das Brot zum Backen an einen Rost aus Zweigen zu lehnen (Nordindien, Lappland, Galizien), ist der von den Basken gebrauchte Eisenrost.

VII.

Zeit der Germanen

In den Indogermanen erkennen wir zur Zeit ihres Eintritts in die Geschichte noch nomadisierende Wandervölker. Wie die Wanderhirten von Ort zu Ort ziehend, nahmen sie ihre meiste Nahrung vom Zugvieh, das den mit dem Hausrat beladenen Wagen zog. Allmählich schritten die Indogermanen in der Viehzucht voran und ganze Viehherden zogen mit ihnen. Die Hauptnahrung blieben daher noch lange Zeit die Erzeugnisse der Zucht der Haustiere, wie Milch, Butter und Käse. Andererseits lassen die Ergebnisse sprachlicher Untersuchungen keinen Zweifel darüber, daß keiner Epoche indogermanischer Vorgeschichte der Feldbau ganz unbekannt gewesen sein kann. Immerhin war im Vergleich zur Viehzucht der primitiv betriebene Ackerbau bei den indogermanischen Ursitzen von sehr geringer Bedeutung.

Als antiker Entdecker der Germanen muß Pytheas gelten, ein griechischer Kaufmann aus der blühenden Handelsstadt Massilia, dem heutigen Marseille. Um 325 v. Chr. drang er zum erstenmal durch den Ärmelkanal in das Nordmeer vor und befuhr die Bernsteinküste des Skythenlandes mit seinen Handelsschiffen.

a) Fladenbrot

An den Küstenstrichen der friesischen Nordsee und der westlichen Ostsee führten die Germanen ihr Nomadenleben. Von hier aus drangen sie langsam in die südlichen Wälder vor und es ist daher die spätere Wirtschaftsgeschichte unserer Vorfahren als ein Kampf mit dem Walde anzusehen. Mehr und mehr treten die Halmfrüchte, von denen ihnen Gerste, Weizen, auch der Spelz (Dinkel, die typisch alemannische Brotfrucht) und sicher die Hirse bekannt waren, in die Reihe der unentbehrlichen Nahrungsmittel. Wie zur Urzeit kam auch bei den Germanen das Weib darauf, mit dem Abnehmen des Wildbestandes und der dadurch immer unsicherer werdenden Jagdbeute zur Fürsorge für sich und die Kinder Samen ihr bekannter Nahrungspflanzen in die vorher mit dem Grabstocke gelockerte Erde zu streuen. Gingen allmählich die groben Arbeiten des Ackerbaues, neben der Ausübung der Jagd, auf die Schultern des Mannes über, so fiel den Frauen die eigentliche Verwertung der gewonnenen Früchte zu. Das Getreide wurde, nachdem es mit einem sichelartigen Messer geschnitten, von dem Vieh ausgestampft und notdürftig von der Spreu gereinigt. Zum Ermahlen des Schrotes benutzte man neben einem einfachen Gerät, der Quetschmühle, aus zwei Steinklötzen bestehend, steinerne Handmühlen, die aus einer gehöhlten Schale mit dazu passenden, frei beweglichen Reibern bestanden. Häufig waren diese Geräte bei größeren Behausungen in besonderen Schuppen untergebracht.

Bei den ältesten Indogermanen bildete das Gerstenkorn, schlechthin Korn genannt, das kleinste Gewicht und Längenmaß. Es ergibt sich daraus, daß die Gerste das Hauptnahrungsmittel war und zwar wurde sie auch hier zunächst im gerösteten Zustande genossen. Später wurden dann das Einkorn und der Weizen kultiviert.

Abb. 57. Altgermanischer Mahltrog.

Der aus dem Schrot zu einer teigartigen Masse geknetete Brei, der gekocht wurde, war lange Zeit das übliche Nahrungsmittel. Die Brotbereitung beginnt mit der Herstellung von einfachen, ohne Triebmittel auf einer erhitzten Herdfläche oder zwischen heißen Steinen in der Asche erbackenen Brotfladen aus einem durch Zusammenkneten von Schrot und Wasser hergestellten Teige. Diese Art der Brotbereitung erwähnt die altgermanische Edda. Diese Technik, das aus Mehl Bereitete durch unmittelbare Einwirkung der Hitze, ohne umschließendes Gefäß, genießbar zu machen, führte den gemeingermanischen Namen „backen“.

b) Tongefäß

Mit der Zeit bildete sich bei den Germanen ein Geschirr aus, das aus einem unten weiteren, sich nach oben verengenden Tongefäß bestand. Dieses Gefäß fand Verwendung bei der Herstellung technischer Produkte, so zunächst zum Schmelzen der Metalle, zum Brennen irdener Töpfe und schließlich zum Backen des Brotes. Mit dem gemeingermanischen Wort „Ofen“ ist im Anfang nur ein großes, topfartiges Gefäß, das glühende Kohlen enthält, bezeichnet. Dieses Gefäß entwickelte sich nach und nach zu einem Bauwerk, das in derselben Form aus Steinen und Lehm errichtet wurde. Es stellte einen Herd dar, der zum Zusammenhalten der Hitze gleichsam von den schräg nach oben ansteigenden Wänden eingerahmt wurde, unten mit einem weiten Feuerloch, oben mit dem Rauchabzug. In der Glut des ausgebrannten Feuers buk man das Brot. Allmählich wandelte sich dieser den verschiedensten Zwecken dienende Ofen in den eigentlichen Backofen um.

c) Altgermanischer Ofen

Abb. 58. Altgermanischer Backofen von Lagardesmühlen an der Fundstelle.

Die im Herbst 1913 begonnenen Ausgrabungen der altgermanischen Siedlung von Lagardesmühlen bei Küstrin förderten drei Ofenanlagen zutage, die von A. Kickebusch als altgermanische Backöfen identifiziert wurden und die von ihm, nach den in ihrer Nähe gefundenen Gefäßresten und Tonscherben mit ihren in der Rädchentechnik gehaltenen Mustern und nach einer gut erhaltenen Bronzefibel, dem zweiten nachchristlichen Jahrhundert zugewiesen wurden.

Nicht wie bei unseren noch erhaltenen ältesten Feldbacköfen ist die Herdsohle der Ofen in gleicher Höhe mit der Erdoberfläche, sondern der aus Feldsteinen zusammengesetzte Unterbau ist in die Erde hineingebaut. Die bis zu einer Tiefe von 1,40 m unter die Oberfläche hinabgehende Grube ist an den Rändern sorgsam mit größeren Feldsteinen ausgelegt. Der unmittelbar an den Wänden haftende Lehm zeigt starke Brandspuren und war zu tiefroten, harten Lehmbrocken gebrannt. Es scheint, als wären die Steine nach innen mit einer Lehmschicht bedeckt gewesen, sicher ist, daß die Fugen

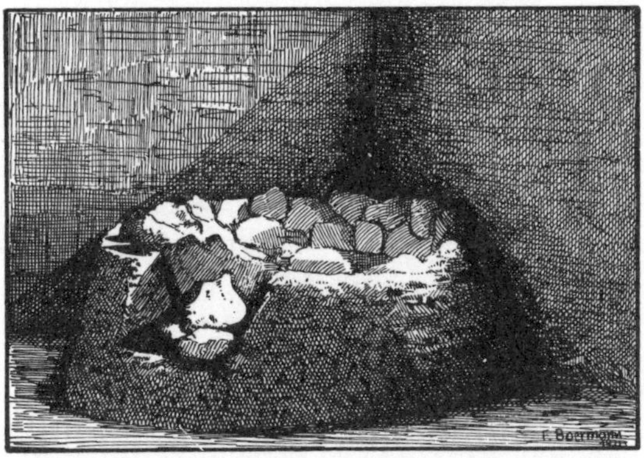

Abb. 59. Ausgegrabener, im märkischen Museum zu Berlin aufgestellter, altgermanischer Backofen.

der einzelnen Steine mit Lehm ausgefüllt waren. Bei dem Ausräumen des Hohlraumes wurden verkohlte Holzreste und weißliche Asche als Überbleibsel der letzten Heizung in erheblicher Menge gefunden. Unter dieser Brand- und Ascheschicht war der Hohlraum nach unten durch eine Pflasterung abgeschlossen, die für eine Anzahl Brote Raum bot. Diese Grundsteinpflasterung war bedeckt mit einer in dreifacher Schicht hergerichteten Lehmdecke aus tonig-lehmiger Masse, so daß eine oben glatte Lehmtenne von etwa 10 cm Dicke vorhanden war. Die darunter liegenden Steine waren alle sehr mürbe und zum Teil geplatzt.

Bei dem Ausgraben der besterhaltenen Backofenanlage zur Überführung in das märkische Museum in Berlin, bemerkte man zwischen vier größeren Steinen eine Lücke, die frei von Fugenlehm war und als Zugloch des Ofens gedient haben muß. In der Nähe dieser Lücke lag auch der zum Verstopfen dieses Loches passende mittelgroße Stein.

In dem Hohlraum des Ofens fand Kickebusch Lehmbrocken mit Balkenabdrücken von Rundhölzern erheblicher Dicke und von Ruten, die von einer Decke oder den Seitenwänden beim Einsturz der Anlage hereingebrochen sind. Auf einem der Randsteine lag etwas schräg nach innen gelehnt ein verkohltes Holzstück, das immerhin noch eine Länge von 14 cm, eine Breite von 11 cm und eine Dicke von 5—7 cm aufwies. Augenscheinlich ist es das Ende eines verkohlten Balkens gewesen. Beim Zusammenstürzen des Ofens war das Balkenende mit einer Seite ein wenig nach unten geglitten.

Der untere oder in der Erde befindliche Bau des Ofens erscheint somit völlig klar, wie aber der Oberbau des Ofens beschaffen war, ist eine Frage, die verschiedene Lösungen zuläßt.

Ein Mundloch zum Beschicken des Herdes mit Broten konnte A. Kickebusch nicht finden. Folgen wir der Entwicklung des germanischen Ofens an sich. Dieser entwickelte sich, wie Moritz Heyne ausführte, aus einem Herde, der zum Zusammenhalten der Hitze von den schräg nach oben ansteigenden Wänden eingerahmt wurde, unten mit einem Feuerloch und oben mit dem offenen Rauchabzug versehen war. Es ist dann denkbar, daß die an dem Backofen vorgefundenen Balken oder Rundhölzer rings um den Ofen mit einer Neigung nach innen standen. Sie waren mit Ruten untereinander verflochten und verbunden; das so entstandene Traggerüst war von außen und innen mit einer dicken Schicht Lehm beworfen und geglättet, die allmählich zu festen Wänden erhärtete. Die obere Öffnung diente als Rauchabzug und zum Beschicken des Ofens. Nach dem Ausbrennen des Feuers wurden die Gebäcke von hier aus in den Ofen gegeben, auch vielleicht an den Innenseiten aufgespießt und das Ganze mit einem Deckel verschlossen. War die obere Öffnung des Ofens groß und weit, so ist es wohl möglich, daß der Verschluß aus einer abnehmbaren Decke bestand, die in gleicher Art wie die Seitenwand aus einem Balkenrutengeflechtwerk mit Lehm überzogen hergestellt war. Ein Vergleich mit den ägyptischen und hebräischen Öfen scheint für die Wahrscheinlichkeit dieser Form zu sprechen. Es ist auch anzunehmen, daß diese Öfen nicht nur ausschließlich zum Brotbacken verwendet wurden, sondern daß Tonwaren darin gebrannt und Metalle geschmolzen und auch gelegentlich größere Tiere darin gebraten wurden.

Auch Kickebusch schließt sich in seinem Beitrag zur Geschichte des germanischen Backofens dieser Erklärung der Bauart des oberen Teiles des Ofens an, wonach der untere Teil mit einer durch Holz gestützten horizontalen Lehmdecke überdeckt wurde. Die vorgefundenen Balken hatten auch hinreichende

Stärke, um eine so schwere Lehmdecke zu stützen oder gar zu tragen. Selbst, wenn das von außen mit Lehm umkleidete Holz innerhalb der Lehmschichte stellenweise gelitten hätte, so würde die Decke noch nicht niedergebrochen sein, denn das Verkohlen des Holzes hätte das Durchbrennen der Lehmbedeckung zur Voraussetzung gehabt. Je mehr das Holz litt, desto fester wurde der Lehm und desto geringer wurde die Notwendigkeit, ihn zu stützen. Ja, schließlich konnten die hartgebrannten Lehmröhren beinahe allein schon die nötige Stütze abgeben.

Andererseits erscheint es nicht ausgeschlossen, daß der Unterbau überdeckt wurde durch ein Giebeldach, wie sie bei unseren Feldbacköfen vorhanden sind, um die darunter liegende Lehmhaube zu schützen. Möglich ist es schon, daß die Balken schräg gegeneinander standen und über der Mitte des Ofens zu einem Dachfirst zusammenstießen. War dann der eine so gebildete Dreieckausschnitt mit Steinen und Lehm ebenfalls zugebaut und gedichtet, so konnte der vordere Dreieckausschnitt als Mundloch des Ofens dienen und nach dem Beheizen zugestellt werden.

Für den Oberbau dieser Ofenanlagen sind somit verschiedene Erklärungen möglich. Nicht ganz ausgeschlossen mag es zuletzt wohl sein, daß unter einem Schutzdach sich eine ungeschickte Art Wölbung, aus Rutengeflecht und Lehm gebildet, befand.

d) Öfen der Saalburg

Wie in der Einleitung dieses Abschnittes „Zeit der Germanen" ausgeführt wurde, drangen die Germanen von Norden her, den sich ihnen entgegenstellenden Urwald langsam urbar machend, gegen Süden vor. Es ist also sehr wohl möglich, daß die Germanen zunächst auch eine eigene, ihrer primitiven Kultur entsprechende Art von Backöfen gebildet haben, die nach den Funden von Kickebusch nicht gerade als sehr glücklich oder praktisch anzusprechen war. Andererseits haben besonders die Germanen von der Kulturwelt des Mittelmeers sehr frühzeitig Anregungen empfangen und Kulturgut übernommen. Der Bernstein war es, durch den rege Handelsbeziehungen zu den Mittelmeervölkern gefördert wurden. Die Vermittlung dieser von Süden eindringenden Kultur lag zunächst den Kelten ob, die ihre Sitze in West- und Süddeutschland innehatten. Aber erst durch die römischen Legionen kamen unsere unmittelbaren Vorfahren mit der klassischen Kultur in Berührung, deren Erben sie werden sollten. Wohl mögen den hochkultivierten Römern bei ihren Zügen nach dem Norden die Germanen als Barbaren erschienen sein, herrschte doch in Gallien, Angelsachsen und jenseits des Rheines eine Einfachheit und Ursprünglichkeit, die den Römern als vollendete Unkultur erscheinen mußte. Ein Festgelage in der Halle eines Häuptlings der Germanen, wo ganze Tiere gebraten auf den Tisch kamen und nach dem Zerhauen in große Stücke mit Zähnen, Fingern und Jagdmessern zerteilt wurden, wo neben dem süßen Met aus Honig das Gerstenbier schäumte, wo das nach unseren Begriffen wenig zum Genuß einladende harte Fladenbrot die Beigabe zum Fleisch war, zeigte, daß die nordischen Stämme weit hinter der schon im Sinken begriffenen Kultur des verfallenden Römerreiches standen.

Fuchs führte in Hoops Reallexikon der germanischen Altertumskunde aus: „Der Backofen wird in den ersten nachchristlichen Jahrhunderten in die germanischen Länder eingedrungen sein, doch muß zugegeben werden, daß wir vorläufig über seine Herkunft noch im unklaren sind. Er hatte wohl, wie später, eine bienenkorbähnliche Gestalt, war aus Steinen und Lehm aufgebaut und mit Feuerloch und Rauchabzug versehen.“

Wie früher ausgeführt wurde, sind nachweislich schon 2000 Jahre vor Christi Geburt neben den tönernen Backtellern auch Lehmbacköfen bei den steinzeitlichen Pfahlbauern des Bodensees in Gebrauch gewesen. Die Blüte der steinzeitlichen Kultur am Bodensee fällt mit dem Eintreffen der Vorposten nordischer Rasse zusammen. Die Langschädel der Pfahlbauernzeit entsprechen oder gehören der nordischen Rasse an und können die Pfahlbauer daher auch als Vorfahren der geschichtlichen Germanen angesprochen werden, während die kurzköpfige Rasse aus dem Westen oder tieferen Süden schon vom Ende der Altsteinzeit an im schwäbischen Gebiete heimisch war und heute noch heimisch ist. Nach den Skelettfunden und der Entwicklung der Ornamente auf den Gefässen usw. fand eine Vermischung der westlichen und nördlichen Elemente statt und es kann deshalb wohl gefolgert werden, daß die Germanen die Verwendung des runden Lehmkuppelofens zum Backen nicht erst von den Römern zu lernen hatten, denen die Kunst des Backens auch erst von den Griechen überkommen war.

Es wird schwer sein, die Frage, wann die Germanen den runden Lehmbackofen zuerst gebrauchten und von wem ihnen diese Kunst kam, einwandfrei zu klären. Daß zu der Zeit, als in der Siedlung von Lagardesmühlen in den altgermanischen Backöfen gebacken wurde, in unseren Landen bereits die Römer ihre Öfen mit der charakteristischen Lehmwölbung gebaut und gebraucht haben, geht aus den Funden auf dem Römerkastell der Saalburg im Taunus hervor. In diesem ehemaligen Lager der römischen Besatzung aus der Mitte des 2. Jahrhunderts n. Chr. wurden während der Ausgrabungen mehrere Backofenanlagen bloßgelegt. In einem an die Umwallungsmauer einst anstoßenden Gebäude wurden vier in einer Reihe liegende Backöfen gefunden. Der Untergrundbau der Öfen ist aus Bruchsteinen des Taunusgebirges errichtet, die mit Lehm- und Kalkmörtel verbunden sind. Die fast Kreisgestalt zeigenden Herdsohlen sind aus Lehm geschlagen. Die durch große Steinplatten, als Vorsatztüren, verschließbaren Mundlöcher sind gewöhnlich aus vier großen Steinplatten gebildet, aus zwei Längsplatten, einer Brust- und einer Abdeckplatte. Das sich über dem Unterbau erhebende eigentliche Ofengewölbe wird bei den alten Holzbacköfen eine aus Lehm geformte Kuppel gewesen sein. Später in einem anderen Gebäude entdeckte Öfen scheinen aus jüngerer Zeit zu stammen. Zwei

Abb. 60. Backöfen der Saalburg.

in ihren Ausmaßen gleich große Öfen von 2 m Länge und 1,4 m Breite stoßen mit ihrer Rückseite schräg aneinander. Der dritte ungefähr 3 m lange und 2 m breite Ofen bildet mit den beiden ersteren einen rechten Winkel. An diesem größten Ofen, wie an einem der kleinen, befindet sich unmittelbar am Mundloch nochmals eine Art kleiner Backofen von Quadratmeter-Größe. Wahrscheinlich handelt es sich bei diesen kleinen Öfen um Kochöfen, in die ein Bronze- oder Tongefäß eingemauert war. In ihrer Konstruktion unterscheiden sich diese Öfen nicht von den oben beschriebenen. Auch hier steht man vor alten überkommenen Holzbacköfen.

e) Hefe und Brotfunde

Es kann nicht bezweifelt werden, daß die unter römischer Herrschaft lebenden Germanen den Backofen dieser Bauart übernommen haben und es ist wahrscheinlich, daß sich unter diesem Einflusse die bis in unsere Zeit forterhaltene Lehmwölbung auch auf den germanischen Ofen übertrug. Die Kultur der südeuropäischen Halbinseln führte auch die Germanen zur regelrechten Gärung ihrer Teige und einem geregelten Backen gesäuerten Brotes in besonderen Backöfen. Die Gallier sollen die ersten gewesen sein, welche die Hefe als Triebmittel benutzt haben. Sie verwendeten als Gärungsmittel den „verdickten Schaum“ von den aus Getreide bereiteten Getränken. Noch Jahrhunderte mußten vergehen, bis mit dem Beginne des Mittelalters das Brot in Mitteleuropa in allgemeinen Gebrauch kam.

Auch in unserer engeren Heimat hat sich die Entwicklung des Backofens zu seiner heutigen modernen Vollkommenheit, vom Back-Stein angefangen bis zum selbsttätigen Ofen, langsam Schritt für Schritt vollzogen.

In verschiedenen Gegenden Deutschlands sind zum Teil verkohlte Reste von Brot gefunden worden, die auf die Art ihrer Bereitung Rückschlüsse gestatten. F. A. Wagner fand 1828 zusammen mit einfachsten Mahlsteinen bei Schlieben (Reg.-Bezirk Magdeburg) halbgeschrotetes Brot. E. Carthaus stieß in der Karhoffhöhle im westfälischen Hönnetal auf zu Kohle verbrannte Stücke von Brot aus der ältesten Eisenzeit, die zumeist aus zusammengebackenen, zerquetschten Hirse-, Weizen- und Gerstenkörnern bestanden.

Vor etlichen Jahren wurden, nachdem ein langanhaltender Ostwind die Watten völlig trocken gelegt hatte, von einem Wattenschiffer, wie aus Husum berichtet wurde, westlich von der Hallig neben ein paar kleinen Mühlsteinen, eine größere Anzahl alter Back-Steine gefunden.

1901 konnte Oberst V. Groller bei seinen Ausgrabungen im Lager von Carnuntum bei Deutsch-Altenburg an der ungarischen Grenze neben einer Vorratskammer eine Bäckerei bloßlegen, die zwei Backöfen enthielt. Die an gleicher Stelle gefundenen Brote waren von flacher, runder, kuchenförmiger Gestalt.

Es hat sich diese Form erhalten während des Mittelalters; sie ist noch heute auf dem Lande vorhanden. Das gemeingermanische Wort Ofen, das bei den Goten zunächst nur ein Gefäß zum Backen bedeutete, wurde von den Germanen später allgemein auf den nach Art der Römer gebauten Backofen übertragen.

VIII.

Neuere Zeit

1. Öfen mit Innenfeuerung

a) Freistehende Öfen

Ein leichter grauer Rauch, wie ein feiner Nebel über einer Gruppe von Bäumen lagernd, läßt erkennen, daß man in die Nähe menschlicher Behausungen kommt. Nach dem Durchschreiten eines schützenden Haines zeigt sich dem überraschten Auge ein Bild tiefsten

Abb. 61. Feldbackofen bei Dorf Schelrade (Dithmarschen).

Friedens von rührender Lieblichkeit. Inmitten der Flur liegt ein Feldbackofen. Von weitem wirkt er nur wie ein aufgeworfener Erdhügel. Die Seiten, der Rücken und die Haube waren mit ausgestochenen Rasenstücken bedeckt, die allmählich miteinander verwuchsen und vergilbt sind. An die Seiten lehnten sich Holzkloben und Reisig an, um die geringe austretende Hitze zum Austrocknen in sich aufzunehmen. Trocknende, abgestorbene Fichten und Tannen, wohl gar ein alter Weihnachtsbaum unter ihnen, umkränzten den Ofen. Ein Schornstein fehlte.

Vorn öffnete sich der Hügel in einer gemauerten Wölbung, die das pechschwarze, gähnende Gewölbe nur ahnen ließ. Rabenschwarz war das Innere. Eine gewaltig schwere Vorsetztür, aus Holzkloben roh herausgearbeitet, diente zum Zustellen des Ofens. Die eigentliche Herdplatte war aus einer gestampften Lehmschicht, nur einen Fuß hoch über dem Erdboden aufgeschichtet, und so war es nicht einfach, solch ein Ungetüm richtig zu beschicken. Der Großvater war es, der die guten, ausgebackenen, oft so sehr begehrten, kräftig aromatisch schmeckenden Landbrote vergnügt schmunzelnd herausholte und der Reihe nach auf dem Backbrett aufstapelte. Wie oft hatte er schon Vorrat gebacken für Frau, Kinder und Enkel, die mit Zähnen wie Elfenbein den Wecken zu Leibe gehen. Keinen läßt er beim Backen heran, keiner kann es so gut wie er, er kennt sich aus mit dem alten Gesellen, seinem Ofen, mit all seinen Mucken und Tücken. Die Krücke zum Herausholen der letzten Glut, der Besen zum Ausfegen der Flugasche und der Rußstückchen, Eimer und Lappen zum feuchten Abhudeln des Herdes, ein gewaltiger Holzklotz zum Holzspalten, alles das ladet so verführerisch zur Mitarbeit ein, daß man gleich zugreifen möchte; aber vorsorglich hat

Abb. 62. Feldbackofen mit freischwebendem Schindeldach.

der alte Herr alles mit einem selbstgezimmerten Zaun umgeben, damit ihn niemand in seinem Reiche störe.

Die uralte Lehmkuppel, die zum besseren Halten der Hitze und zum Schutze vor den Unbilden der Witterung mit Gras oder Erde bedeckt war, und die mit dem Erdboden in einer Höhe liegende Herdplatte waren die charakteristischen Merkmale der ältesten Holzöfen. Einen Schritt weiter schon führt das Bild 63.

Die Lehmkuppel des Ofens ist mit einer wallartigen Mauer lose aufgestapelter Steine umgeben, deren vier Ecken die Stützpunkte für Tragbalken eines freischwebenden Schindeldaches sind. Der die

Abb. 63. Feldbackofen Grünberg-Bürstal mit Zuglöchern.

Lehmhaube umfassende Steinwall hält die im Ofen entwickelte Hitze infolge seiner isolierenden Wirkung gegen äußere Temperatureinflüsse besser und länger. Das Schutzdach ersetzt in vorteilhafter und zweckmäßiger Weise die Grasausstiche oder die Erde, die auf die ältesten Öfen geschichtet wurden.

Wieder etwas weiter in der Entwicklung geht der nächste Backofen, der soeben mit Brot beschickt war. Der innere Bau des Ofens war vorn und hinten von hochragenden, aus Ziegelsteinen gemauerten Giebelwänden abgeschlossen, während die füllenden Seitenwände des Umbaues aus einem Gemenge unbehauener Feldsteine und Lehm bestanden. Die Giebelwände waren die eigentlichen Träger des Schutzdaches, dessen die Ziegel tragende Stangen noch weit über sie hinausragten. Der Rauch fand seinen Ausweg durch eines der gewöhnlich vorhandenen drei Zuglöcher, welche die Lehmwand durchbrachen und für die Zugluft sorgen mußten. Um von der Windrichtung unabhängig zu sein, befand sich an jeder Seite des Ofens ein solches Loch, das durch einen passenden Stein zu verschließen war. Um im Ofeninneren den nötigen Zug zu unterhalten, war es nicht erforderlich, alle drei Löcher offen zu halten, sondern man öffnete nur das an der vor dem Winde geschützten Seite gelegene, um ein Hineinblasen des Windes in den Ofen und ein Heraustreiben der Flammen aus dem Mundloch zu vermeiden.

Abb. 64. Feldbackofen Denker-Ganderkesee.

Einen gleichartigen Bruder des soeben gezeigten Backofens, aber schon ein stattlich gleichmäßig gefügtes Gebilde, sehen wir auf dem nächsten Bild. Nicht mehr die unkundige Hand des lehmrührenden Landmannes hatte hier gewirkt, sondern deutlich ist zu erkennen, daß ein geübter, mit der Regel der Baukunst vertrauter Dorfmaurer seines Amtes gewaltet hat. Die Fugen des Giebels und der Wände des äußeren Schutzgehäuses sind gut verstrichen. Ja, selbst mehrere starke Eisenanker sind angebracht, um den Steinbau gegen die Ausdehnung durch die Ofenhitze unempfindlicher zu machen. Die Auflage der Ziegelbedachung zeugt von einer gewissen Akkuratesse des Erbauers. Der technische Fortschritt macht sich bemerkbar in der Anbringung einer geräumigen Eisenplatte vor dem Mundloch des Ofens.

Einsam und weltentrückt standen und stehen die Zeugen ländlicher ungewerblicher Backkunst in ihren Wäldern. Wind und Regen rüttelten an ihren Wänden und alle zu den nötigen Handgriffen erforderlichen Gegenstände, vor allem auch Reisig und Holz, waren den Unbilden der Witterung und dem Feuchtwerden ausgesetzt. Was war da natürlicher, als das Dach des Ofens als Schutz-

Abb. 65. Feldbackofen aus der Lüneburger Heide.

dach noch etwas über die vordere Giebelwand hinauszuführen, um so einen schützenden Vorbau und Unterstand für Geräte und Holz und für den Arbeitenden selbst zu schaffen.

Nicht mehr tief, wie bisher, liegt bei diesem Ofen die Herdsohle, sondern mehrere Fuß hochgehoben über dem Waldboden, so daß dem Einschießenden dadurch eine große Erleichterung geschaffen wird. Nicht mehr tiefgebückt müssen die einzelnen Bewegungen ausgeführt werden, sondern in mäßig gebeugter Haltung kann das Holz in den Ofen gebracht, die Glut herausgezogen, das Brot eingeschossen werden.

Auf dem Bilde 66 sieht man einen Klosterbruder die nötigen Wecken für die Insassen des Klosters herstellen. Zum Schutze der Lehmkuppel des Ofens ist sie bereits mit einem auf besonderen Holzpfosten ruhenden Dache versehen. Der aus einzelnen Steinen gemauerte Unterbau bildet an seiner Oberfläche die zusammengesetzte Herdplatte. Daß diese Öfen auch in ansehnlicher Größe hergestellt worden sind, erhellt aus den Berichten über das Kloster

Abb. 66. Klosterbackofen um 1510.
Aus dem Landauerbuch des Landauerstifts zu Nürnberg.

St. Gallen. Im 10. Jahrhundert bestanden dort zwei Bäckereien. Der im Pilgerhaus stehende Backofen hieß fornax, der in der Brüderküche vorhandene camiens. Einer dieser beiden Öfen konnte „an die 1000 Brote“ fassen. Mögen unter diesen Broten auch nur die Kleingebäcke damaliger Zeit zu verstehen sein, ähnlich unserer täglichen Morgensemmel, so läßt sich daraus doch eine recht beträchtliche Herdfläche errechnen.

Fast scheint es, als sei der nächste Ofen bei Heiligenrode kaum etwas anderes als die uns bisher vorgestellten und doch erkennt man bei näherem Zusehen große Unterschiede. Der ganze Ofen ist in allen seinen Teilen gemauert. Obenauf sitzt ein Schornstein. Der Ofen besitzt einen künstlich angelegten Zug. Den sich entwickelnden Rauchschwaden wird ein bestimmter Weg angewiesen, die Geschwindigkeit des Austrittes der Heizgase aus dem Ofen kann geregelt werden, je nach Bedarf kann die Hitze im Inneren durch Ansaugen zur Verbrennung nötiger größerer Luftmengen mittelst

Abb. 67. Feldbackofen Meyer zur Malsch bei Kloster Heiligenrode.

des Kamins schnell gesteigert werden. Die Zeit des Anheizens des Ofens wird dadurch bedeutend abgekürzt. Aber noch mehr, eine Tür dreht sich kreischend in rostigen Angeln, eine Tür aus Eisenblech hat die aus Holz gefertigten, klobigen Vorsatzbretter weit überholt. Schnell und mit einer Hand kann der Ofen nun geöffnet werden, ebenso kann er nach dem Schieben mit einem Stoß geschlossen werden.

Modern, fast zu modern, mutet uns der Neubau von Cassens Ofen in Kirchseelte nach Abb. 68 auf der nächsten Seite an. Ein Kamin mit einem Rauchfang über dem Mundloch. Ein Vorbau fest verschließbar durch kräftige Türen, der Vorraum fein säuberlich weiß angetüncht. Doch was das Wichtigste ist, auf den tragenden Gewölbebau hat man verzichtet. Der Ofen ist mit ungewöhnlich flacher Decke gebaut. Glatt gemauert die ganze Oberfläche und auf derselben das Holz zum Trocknen aufgestapelt. Eine Fülle modernster Errungenschaften.

b) Hausanbau

Wenn auch ein über die Vorderwand des Ofens hinausragender Vorbau gegen die Unbilden der Witterung einen gewissen Schutz bieten mochte, so war es doch im kalten, harten Winter mit Schwierig-

Abb. 68. Feldbackofen des Cassens Kirchseelte.

keiten verknüpft, den eingeschneiten Ofen frei zu bekommen und ihn bei größerer Kälte zu bedienen. Gefährlich war es immerhin, die im warmen Raum gegangenen und gar gewordenen Brote durch Wetter, Kälte und Sturm zum Ofen zu tragen. Oft mußte wegen der unpassenden Witterung das Backen aufgeschoben, oder, da der Brotvorrat zur Neige ging, trotz aller dagegensprechenden Umstände gewagt werden. Während man bisher den Ofen alleinstehend im Walde errichtete, um das notwendige Holz in greifbarer Nähe zu haben, zog man ihn allmählich näher und näher an die Behausungen heran und schichtete das Holz am oder im Hause auf. Das Heranziehen des Ofens an das Haus ging schließlich so weit, daß man die Stirnwand desselben mit der Hauswand vereinigte. Der Ofen wurde somit zum Anbau des Hauses und das ganze Haus gleichsam der Vorbau des Ofens.

Abb. 69. Backofen im Hausanbau.

Der angebaute Backofen im Bilde 69 läßt durch seine zum Teil fortgenommene Holzverschalung die alte Lehmkuppel des inneren Ofens wohl erkennen. Wir haben es also mit einem Veteran aus der guten alten Zeit zu tun.

Anton Dachler beschreibt den Backofen in den Departements Hautes-Alpes und Savoie wie folgt: „Der Backofen ist innen, wie der altrömische, meist kreisrund und steht entweder in einem eigenen Häuschen oder einem Anbau an die Küche, der Backstube, oder er ist von der Küche ins Freie hinausgebaut mit der Mündung in der Küche und bildet dann, wenn er in der Etage ist, einen fensterlosen Erker, wie dies im Tiroler Vintschgau und im Engadin häufig vorkommt. Gewöhnlich ist die Stellung des Backofens so, daß der Rauch in den Kamin strömt oder leicht hineingeleitet werden kann. Bei beschränktem Raum steht der Backofen hinter dem Herd und reicht dann in einen Nebenraum oder ins Freie. Beschickungs- und Rauchöffnungen sind dann unter dem Kaminmantel. In engen Dörfern, wo die ganze Hausfläche mit Wohnung und Stall verbaut ist, ist der Backofen im mittleren dunklen Raume."

Abb. 70. Ofen zum oberen Stockwerk gehoben.

Das obige Bild 70 zeigt, wie der Backofen bereits in die Höhe gehoben gebaut wurde, um die gleiche Höhe mit der im oberen Stockwerk des Hauses befindlichen Küche zu haben. Die schön gerundete Lehmkuppelform der alten Backofenbauart kommt bei diesem Ofen besonders gut zur Geltung.

Abb. 71. Ofenvorderseite.

Der Unterbau wurde als Schweinestall praktisch ausgenutzt. Das Bild 71 zeigt die Seite des Backofens im Hausinnern, also die Vorderseite desselben mit der in die Küche ragenden Mündung. Die Küche ist übrigens, wie häufig bei derartigen alten Lehmhäusern, so niedrig, daß ein großer, hochgewachsener Mann an die Decke anstößt.

Der Backofen wird heute nicht mehr zum Backen benutzt. Seine Besitzerin verwendet ihn nur noch als Ablagestelle für die heiße Asche des Küchenherdes, da dann durch diese kein Brand entstehen könne.

Beim folgenden Backofen ist der den Ofen tragende Unterbau fortgelassen und wir sehen den Backofen hier wie einen Erker freiragend vorspringen; als Anbau am Hause, so ist er einerseits schon in das Haus hereingenommen, aus dem er allerdings andererseits auch wieder als Nebenraum herausragt.

Um das Jahr 1000 beginnt man in den südwestdeutschen Bauernhäusern den Backofen aus dem alleinstehenden Bau, der sog. Bad-

Abb. 72. Backofen als Hauserker.

stube oder „stupa“, in den Wohnraum zu setzen, den man dann einfach „Stube“ nannte.

Die Vorteile, die sich aus einer Verbindung des eigentlichen Hausbaues und des Backofenbaues ergaben, sind so augenscheinlich, daß es kaum nötig ist, sie des weiteren zu erläutern. Zum erstenmal konnten die reifen Brote aus dem angewärmten Raum sofort in den Backraum gebracht werden. Der Backtag richtete sich nicht mehr nach dem Wetter, sondern nach den in bestimmten Abständen festgelegten Wochentagen.

Ehemals gewann der Bauer aus seinem gewonnenen Getreide sein Mehl selbst und backte aus dem Mehl sein Brot. „Ein Bauer, der beim Mühlner mahlen läßt und beim Bäcker das Brot kauft, ist schon auf der Rutsche.“ Im Bauernhause vom alten Schlag ist der Hausvater „Mühlner“ und die Hausmutter „Bäcker“. Bald ließ der Hausvater seinen Roggen und seine Gerste gegen eine bestimmte Menge von Getreide, die dem Müller als Entgelt zufiel, in der Mühle mahlen. Nur noch das Backen wurde im Hause geübt.

Abb. 73. Backofen im Bauernhaus.

Einen im Bauernhaus selbst untergebrachten Backofen veranschaulicht das Bild 73. Bemerkenswert sind die aus Stroh geflochtenen, runden Backkörbe auf dem Holzbord am Backofen und das in einem Kuchenblech gebackene Weißbrot, das wohl als besonderer Sonntagsleckerbissen anzusehen ist.

Der Raum, in dem dieser Ofen steht, dient nicht nur zum Backen, sondern auch zum Waschen, zum Schlachten, als Baderaum, als Obstkammer; er wird also in vielseitigster Weise ausgenutzt.

Der Zug der Zeit, die sich geltend machende ökonomische Denkungsweise, hat auch hier Wandel geschaffen. Das Mehl wurde nur noch in der großen Hausmulde mit dem Sauerteig angerührt und wenn der Teig gar geworden und die Brote fertig geformt waren, trug man sie in Körben zum öffentlichen Gemeindebackofen, um dessen Wärme gemeinsam und rationeller auszunützen.

Serenissimi gnädigste Verordnung, die
Gemeinde-Backofen betreffend.

d. d. Braunschweig, den 21. Dezember, 1772.

Von Gottes Gnaden, Wir Carl, Herzog zu Braunschweig und Lüneburg etc. etc. fügen hiedurch zu wissen: wasgestallt Wir mißfällig vernommen, daß Unsere, wegen Anlehnung und gehöriger Einrichtung der Gemeinde-Backöfen, auch Abschaffung der Privat-Backöfen von Zeit zu Zeit ergangene Verordnungen in Unseren Landen allenthalben gehörig nicht befolget worden.

Wie Wir nun gnädigst, jedoch ernstlich wollen, daß denen hierunter sich annoch äußernden, Unsere Unterthanen und Landen zu nicht geringem Nachteil gereichenden Mängeln durchaus abgeholfen werden soll: Als verordnen Wir hierdurch anderweit:

1. Daß alle Gemeinde-Backöfen, woran sich noch Defecte befinden, nach Maasgabe Unserer an die Obrigkeiten jeglichen Orts bereits vorhin ergangenen Verordnungen, in völligen Stand gesetzet, an denjenigen Orten aber, wo noch keine Gemeinde-Backhäuser vorhanden, solche unverzüglich vorgerichtet, und in gutem Stande erhalten werden sollen.

2. Soll ein proportionirtes Backlohn von Amts- und Obrigkeitswegen ausgemacht und festgesetzet werden.

3. In den großen Dörfern sollen die Backhäuser mit Bäckern, in den kleinen aber mit Häuslingen, die auf das Backen Acht haben, besetzet,

4. sowol durch diese Bäcker und Häuslinge, als die Amts-Unter- und Revier-Forstbediente darauf genaue Achtung gegeben werden, daß in keinem anderen als diesen Öfen gebacken werde.

5. Von den übrigen Backöfen sollen diejenigen, so in gutem und gegen die Feuersgefahr sicherm Stande sind, zum Obstbacken allein, bey Vermeidung deren Demolation, gebrauchet; dagegen aber

6. die Feuergefährlichen ohne Anstand eingeschlagen werden.

Wir befehlen demnach Unsere Ober- und Beamte, auch Gerichtsobrigkeiten, über diese Unsere Verordnung mit Nachdruck zu halten; und haben Unsere verordnete Districts-Commissarien fleißig dahin zu sehen, daß solcher gehörig nachgelebet werde.

Damit nun solche zu jedermanns Wissenschaft gelangen möge, und sich niemand mit der Unwissenheit entschuldigen könne; als haben Wir befohlen, daß solche durch den Druck bekannt gemacht, und an den gewöhnlichen Orten affigiret werde. Urkundlich Unserer eigenhändigen Unterschrift, und beygedruckten Fürstl. Geheimen-Canzleysiegels. Gegeben in unserer Stadt Braunschweig, den 21. Dezember, 1772.

Carl
Herz. z. Br. u. L.

L. S. H. B. v. Schliestedt.

Daß es aber auch wohlgepflegte öffentliche Backstätten gab und noch gibt, zeigt uns die Photographie eines schwäbischen Gemeindebackhauses, in dessen Innerem zwei Holzbacköfen aufgestellt sind. Auch hier sind die Frauen noch die eigentlichen Bäcker. Das An- und Aufheizen der Öfen, das Bedienen der Züge, das Auskehren der Aschereste aus dem Ofenraum, das Säubern der Herdplatte und das Backen wird von ihnen allein besorgt. „Wehe“ dem Manne, der in das geheiligte Reich dieser Dorfschönen eindringt.

Mit der Entwicklung einer Völkergemeinschaft zu einem festgefügten, wohlgeordneten Staatengebilde hielt die Entstehung und Bildung des Handwerkes fast immer gleichen Schritt. Die allmählich im vielgestalteten Staatswesen eintretende Arbeitsteilung, die Scheidung der Staatsangehörigen in verschiedene Kasten und Klassen führten bei einzelnen Gruppen zur Ausbildung besonderer Fertigkeit und Geschicklichkeit. So entstanden die Handwerker, unter diesen die Bäcker, die für Gegenleistung oder Entgelt dem anderen Mitbürger das Brot buken. Daß sich gleichartigen Arbeiten obliegende Handwerker zu Gilden und schließlich zu Innungen zusammenschlossen, um ihre gemeinsamen Interessen im Staatswesen mit Nachdruck vertreten zu können, liegt in der Natur der Sache selbst.

Unter den Wirtschaftsgebäuden der Güter Karls des Großen werden auch im Specimen brevarium rerum fiscalium die Backhäuser (pistrina) aufgeführt. Karl der Große erließ im Jahre 812 bereits Brot-

Abb. 74. Schwäbisches Gemeindebackhaus.

gesetze, die den Verkehr zwischen den Herstellern und den Käufern regelten. Wieviele Wandlungen, welch hohes Ansehen, was für Leiden das Bäckerhandwerk erfahren hat, wie es sich allmählich bis zu seiner heutigen Blüte entwickelt hat, davon kann man sich eine Vorstellung machen, wenn man liest von den Hörigen, dem Frondienst unter den Zwingherren, von den Abgaben in geistlichen Grundherrschaften, von den Verordnungen, Entscheidungen, Gesetzen und Strafen, die vom Vogt, Burggraf, Rat, Schöffen, Schultheiß und der Obrigkeit gegen den „Becken“ erlassen wurden, von der cura ignium, der Sorge um das Feuer, dem Jus furnorum, dem Gesetz der Öfen, dem Brotmarkt, der Brotschau, den Privilegien, Zünften und Innungen. In vielen geschichtlichen Werken, Chroniken und Annalen ist all das niedergeschrieben und nachzulesen.

Abb. 75. Eine Bäckerei um die Mitte des 18. Jahrhunderts.
(Nach einem handkolorierten Kupferstich aus der Königl. Bayr. Graphischen Sammlung zu München.)

In späteren Jahrhunderten vollzog sich die Prüfung und die Überwachung der Nahrungsmittel mehr und mehr in jener Form, wie sie noch heute in den Stadtgemeinden Deutschlands üblich ist. Vom Kupfersticharchiv der Königlich Bayerischen Graphischen Sammlung zu München ist neuerdings ein kleines, vermutlich fast vergriffenes Werk erworben worden, das den Titel trägt: „Faßliche Beschreibung der gemeinnützlichsten Künste und Handwerke für junge Leute": Johann Peter Voit, Archidiaconus und Professor zu Schweinfurt, wie auch ordentlichem Mitgliede des hochfürstl. Instituts der Moral und der schönen Wissenschaften". (I. Teil, Nürnberg, 1791, erschienen bei C. Weigel und Schneider.)

In diesem Buche, das mit 57 schönen handkolorierten Kupfern geschmückt ist, werden alle Handwerke der damaligen Zeit anschaulich erläutert, und zwar in Form eines belehrenden Gespräches zwischen einem Vater und seinem Sohne. An dieser Stelle sei berichtet, wie „Der Becker" im IV. Kapitel des Buches geschildert wird, und wie von Amts wegen die Untersuchung des Brotes vor sich ging. Es heißt unter diesem Abschnitt wörtlich:

„Das Bäckerhandwerk nährt überhaupt seinen Mann sehr gut und bereichert ihn, wenn er unverdrossenen Fleiß in den mancherley Geschäften desselben anwenden will. Weil nun bei der Bäckerei viel Betrug vorgehen kann, so wacht eine gute Policey, daß die Brode das ‚Gesetzmäßige Gewicht' haben müssen und wohl ausgebacken werden. Das mürbe Brod wird nicht gewogen. In der Türkei bestraft man betrügerische Bäcker damit, daß ihnen durch die durchbohrten Nasenlöcher ein Strick, woran ein zu leichtes oder verfälschtes Brod hängt, gezogen und eine Anzahl Stockschläge auf die Fußsohlen gegeben wird; zum Schrecken der anderen führt man dergleichen Betrüger durch die vornehmsten Straßen eines Ortes. In der Reichsstadt Schweinfurt ist das Backwerk so vorsichtig eingerichtet, daß der Ruf davon den jetzigen, um sein Land väterlich besorgten Fürst-Bischof von Würzburg vor einigen Jahren veranlaßt hat, einen sachverständigen Ratsherrn in seine Residenz kommen zu lassen, um eine gleich vorteilhafte Einrichtung des Backwesens daselbst zu veranstalten. In Nürnberg ist der Gebrauch, daß zu gewissen und bekannten Zeiten bey den Bäckern das Brod beschauet wird. Diese Schaubesichtigung geschieht durch den Rugschreiber, durch den Policey-Amtmann oder Pfänder, durch sechs geschworene Meister, welche in Ratsherrn Habit einhergehen und dabey sind, durch den Marktmeister, welcher das Brod vor dem Laden auf der Straße wieget und endlich in Begleitung eines Stadtknechtes mit seiner Frau, welche den Korb und die Waage trägt. Wenn nun das Brod zu leicht gefunden wurde, nimmt man es hinweg und bestraft die Bäcker dazu an Geld."

Dieser Vorgang ist in der Abbildung 76 dargestellt. Zur Erklärung der Bezeichnung „Rugschreiber", ein Beamter des „Rugamts" oder „Ruegamts" sei erwähnt, daß diese Behörde ausschließlich für die Angelegenheiten des Handwerks bestimmt war. Alle Gewalt, die in

Abb. 76. Die Beken Schau.

anderen Städten im Mittelalter durch die Zünfte ausgeübt wurde, lag in ihren Händen. In Nürnberg hatte sie die Aufgabe:

„die Handwerksleut zu verhorn, die so wider die sondernsparn gesetz und statut kaufft, verkaufft, gehandelt und mit betrug oder unvollkomenlich ire Arbeit ausgemacht haben, zu strafen, auch auf eins jeden handwerk geschworn meister zu machen.“ (Christoph Scheurls Epistel an Dr. Staupitz, Generalvikar des Augustinerordens 1516: Chroniken der deutschen Städte, Band 7.)

Das Rugamt bestand aus einem, vom großen Rat gewählten Vorsitzenden, dem sog. „pfenter“ (auch Pfänder oder Pfender) und vier anderen Ratsherren. Das Kollegium wurde auch „Die fünf Rugsherren“ genannt. Es hielt wöchentlich mehrere Sitzungen ab. Weiter ist dann in dem Voitschen Buche zu lesen:

Abb. 77. Mittelalterliche Bäckerei mit zur Schau gelegten Broten.

„In Schweinfurt geschieht etwas ähnliches mit dem Brodbeschauen und Brodabwägen bei den Bäckern. Weil diese aber hierauf schon einigermaaßen vorsehen können, so läßt der Rathsdeputirte, der hiebei die Oberaufsicht hat, zuweilen auch zu anderer Zeit von unverdächtigen und nicht in obrigkeitlichen Diensten stehenden Personen verschiedene Sorten Brod bald aus diesem, bald aus jenem Bäckerladen für baar Geld holen, den Namen des Bäckers, wo man das Brod geholt hat, auf dasselbe schreiben und dann untersuchen, ob es das ‚Gesetzmäßige Gewicht‘ habe. Welchen Bäckers Waare nun zu leicht befunden wird, den ziehet man zur Verantwortung und Strafe.“

Wir finden also hier schon dieselbe geheime Nahrungsmittel-Überwachung, wie sie von unseren heutigen Nahrungsmittel-Untersuchungsämtern in Gemeinschaft mit den Polizeibehörden neben dem normalen Verfahren auch hin und wieder ausgeübt wird.

Aus alledem kann man erkennen, daß gerade das Gewerbe des Bäckers eines der ältesten und bekanntesten ist. Infolge seines hohen Alters hat es auch lange, lange Zeit am alten gehaftet. Das Backen blieb eben durch Überlieferung von Vater auf Sohn, von Mutter auf Tochter vielen Leuten, besonders den Landbewohnern, geläufig. So findet man auch in neuerer Zeit die Herstellung des Brotes im eigenen Haus noch weit verbreitet.

Abb. 78. Bäckerei in Wiler im Lötschental.

c) Hausbackofen

Mit der Ausübung der Backkunst als Gewerbe wurden die dazu nötigen Gerätschaften und der Backofen, als Grundbedingungen seiner Existenz, unzertrennlich vom gewerbetreibenden Bäcker. Der Bäcker mußte darauf bedacht sein, alles, was ihm zur Ausübung seiner Kunst wichtig erschien, schnell bei der Hand zu haben. Ihm war der „Backtag" mit seinen mannigfaltigen Vorbereitungen nicht mehr Abwechslung im gleichgestellten Trott des täglichen Lebens, sondern Arbeitstag und Erwerb. So war es nur folgerichtig, daß er den Backofen in sein Haus hineinnahm. Ja, die „Backgerechtigkeit" ging auf einzelne Häuser über und solche Häuser, auf denen die Backgerechtsame ruhte, wurden teuer bezahlt.

Eine uralte Bäckerei in Wiler im Lötschental (Schweiz) gibt uns ein anschauliches Bild einer Bäckerei, die mit dem eigentlichen Hause und der Wohnung des Schweizer Meisters schon fest verbunden ist, die andererseits aber noch mit einem freistehenden Ofen manches gemein hat.

Daß bereits schon früher die vollständige Hereinnahme des Ofens in das Bäckerhaus stattgefunden hatte, läßt das Bild des mittel-

Abb. 79. Mittelalterliche Bäckerei.

alterlichen Becken erkennen, der den aus Lehm erbauten Kuppelofen, als Ganzes an sich, in die Backstube stellen ließ.

Die Sicherheit der einzelnen Bauern auf dem Lande war während des Anfangs des Mittelalters äußerst gefährdet, da oft kriegerische Horden die Länder durchzogen, das Feld verwüsteten und das Vieh forttrieben. Der Trieb des Landmannes, sein Hab und Gut zu schützen, ließ ihn mit Gleichgesinnten die Hütten und Häuser zusammenrücken und so befestigte Plätze gründen.

Mit der steigenden Kultur, mit der eintretenden Zivilisation der Völker wuchs die Zahl der sich zusammenrottenden Menschen und es bildeten sich aus einzelnen größeren Ansiedelungen im Laufe der Jahrhunderte die Städte. Bald wurde der Boden dieser Massenansammlungen der Menschen teuer und immer wertvoller. Man bemühte sich, auf einem Platz in einem Grundstück möglichst viel übereinander zu bauen, da das Bauen in die Breite bedeutend mehr Geld kostete als das Übereinanderstapeln der Wohnungen nach der Höhe. Die Dinge, welche großen Platz verlangten und im Vergleich mit anderen täglich benutzten Einrichtungen nur von Zeit zu Zeit gebraucht wurden, schaffte man gar unter die Erde, in den Keller. So erging es den meisten Backofenanlagen in den

Abb. 80. Mittelalterlicher Lebküchner.

Städten. Viele Leute, die vom flachen Lande in die Stadt zogen und ihr eigenes Brot nicht missen mochten, oder Großdörfler, die ein neues Haus erbauten, brachten den raumnehmenden Ofen im Keller unter.

Welche Sorge und welche Stimmung an einem Backtage im Hause herrschte, das zu schildern überlasse ich Peter Rosegger. Besser wird es wohl kaum möglich sein, die Poesie eines solchen Tages festzuhalten.

„Alle zwei Wochen war Backtag. Man kennt die Stattlichkeit der Brotlaibe bäuerlicher Abkunft; solcher Laibe ihrer vierzehn hatten nebeneinander Raum auf dem glühheißen Steinboden drinnen.

Während der Ofen also das Brot buk, hatte meine Mutter ein besonderes Heil mit ihm. Da durfte kein feuchter Lappen in seiner Nähe hängen, da durfte in der Stube keine Tür und kein Fenster aufgemacht werden, damit kein ungeschaffenes Lüftchen den braven Ofen anwehe und seine Frucht etwa beeinträchtige. Zwei Stunden lang dauerte die Backzeit, und da war es in der Backstube allerdings so, daß nicht bloß die Bilder schwitzten auf dem Hausaltare, sondern auch alle Fenster — selbst im hohen Sommer. Einmal stieß in solch heikler Stunde des Backens der Wind ein Fenster auf; was geschah? Die Brotlaibe, die schon angefangen hatten aufzuschwellen, fielen in sich zusammen und blieben speckig wie ein Klumpen Schmer. Nicht ein so großes Löchlein im Innern des Laibes, daß man ein Haferkorn, geschweige denn eine Erbse drin hätte verstecken können! Damals hatte die Mutter geweint! Wir aßen das Brot in der Suppe wie sonst. ‚Wenn's den Laib im Ofen nicht auftreibt, so treibt's den Magen auf‘, hieß es, und so war es auch.

Am Backtag gab's für mich kleinen Buben allemal eine säuerliche Freude. Denn bevor das Brot in den Ofen kam, mußte ich hinein, aber zum Glück nicht nach dem Feuer, sondern vor demselben. Da war's etwas staubig drinnen und rußig und ganz finster. Mit einem Besen aus Tannenreisig hatte ich den Steinboden des Ofens auszufegen; Kohlen, Asche fortzuschaffen und dann die großen Holzscheiter übereinander zu schichten, die mir die Magd zum Ofen hineinsteckte. Ich weiß nicht, ob die Spanier im Mittelalter ihre Scheiterhaufen auch so geschichtet haben: Zuerst eine Brücke geradeaus, darüber eine in die Quere, dann wieder eine geradeaus und eine in die Quere usw. So brennt es am besten. Die Scheiter waren anderthalb Ellen lang, und als das Gebäude ausgefüllt war bis fast zur Wölbung, da engte es sich arg, und da kroch ich ringsherum, um zu sehen, vielmehr zu tasten, ob es gut war — und dann zum Loch hinaus.

Zum Lohn für solch finstere Taten bekamen wir Kinder jedes ein frisch gebackenes Brotschritzlein, welches wir gleich in noch dampfendem Zustand verzehrten. Theoretisch kriegt man vom Genusse frischgebackenen Brotes die Kolik, praktisch bekamen wir drei Stunden darauf nichts als Hunger.

Wie die Scheiter gebaut wurden, ist schon gesagt worden. Alsdann den Stoß anzünden, brennen lassen, ausgluten lassen, die Glut mit einem Krückel auseinanderstieren, dann herauskratzen und endlich mit der Ofenschüssel, einer langbestielten Holzscheibe, die kugelrunden Teigklumpen hineinzuschießen. — Während das Brot im Ofen backt, ist für die Hausmutter eine bange Zeit. Kein Glockengießer kann dem Augenblick erwartungsvoller entgegenatmen, da der eherne Kern sich aus der Hülse schält, als die Hausmutter dem Öffnen des Ofenbretts entgegensieht. Zwei Stunden lang muß der Brotlaib im finsteren Fegefeuer verbleiben. Endlich wird geöffnet. Hübsch bauchig und bräunlich liegen sie da, einer neben dem anderen. Die Hausmutter erhebt ein Freudengeschrei oder betet still bei sich einen Dankseufzer. Doch wehe, wenn die Laibe flach und mausgrau daliegen, dann ist das Innere feucht und speckig und ‚es ist der Teufel darauf gesessen‘.

Eigentlich auf den Tisch kommt das Brot erst am zweiten oder dritten Tage nach dem Backen, oder noch später; ‚je altbackener, desto mehr gibt's aus‘. Als der Hausvater die erste Handvoll Samenkorn in die Erde geworfen, tat er es mit einem Kreuzzeichen. Jetzt, da er den ersten Laib des Brotes in die Hand nimmt, um davon ein Stück abzuschneiden, machte er mit der Spitze des Messers wieder ein Kreuzzeichen auf den Laib und damit ist das Werk vollbracht, zu welchem der Mensch dem Schöpfer so tapfer Handlangerdienste geleistet."

d) Kellerofen

Nicht nur der Privatmann verlegte seinen Backofen in den Keller, auch der gewerbetreibende Bäcker selbst. Der Verkauf der Waren ist ohne große Unkosten nur möglich, wenn die Bäckerei inmitten der Stadt liegt. Die Mieten in der Stadt sind hoch, die Bäckerei braucht viel Raum. Man richtete den Verkaufsstand oder Laden und die Wohnung zu ebener Erde ein und benutzte die darunter liegenden Räume zur Herstellung der Ware. Es war die Verbannung

Abb. 81. Alte Bremer Kellerbäckerei.

des Bäckers in die Unterwelt! Wir alle kennen sie noch, diese Kellerbäckereien. Wer hätte nicht bei später oder „ganz früher" Heimkehr vor einem Lichtschein plötzlich Halt gemacht, der aus vergittertem Kellerfenster heraufstieg. Verwundert lauschte mancher den Geräuschen, die von flinken, fleißig hantierenden Gesellen ausgingen und nur verschwommen an unser Ohr drangen. Ruhig und ohne viel zu lärmen arbeitete der Bäcker des Nachts, denn die anderen Mitbewohner des Hauses schliefen. So berührte es jeden Neuling eigenartig, die weißen Leutchen im früher oft recht spärlichen Lichtschein, bei kurzen Zurufen des Meisters, das Frühgebäck bereiten zu sehen.

Der Holzbackofen hat sich von Anbeginn der Backkunst bis jetzt erhalten und so finden wir Abbildungen derselben in großer Anzahl.

Die ältesten Öfen dieser Art besitzen, wie ausgeführt wurde, zunächst nur den an der Rückwand befindlichen Schornstein. Dieser Kamin regelt die Luftzufuhr in das Innere des Ofens und stellt den Zug des Ganzen dar.

Abb. 82.

e) Zug

Mit Berechtigung muß man hier sagen, der Kamin stellt „den“ Zug dar, denn die Öfen besaßen nur diesen einen Ausgang für die Flammen und Heizgase, nämlich den am Ende des Ofens einmündenden

Kamin. Durch diesen einen Ausweg, der den Feuerungsgasen geboten war, wurden diese im hinteren Teile des Ofens in dessen Mitte gezwungen. Es war daher eine natürliche Folge, daß der letzte Teil der seitlichen Wände verhältnismäßig wenig von den Flammen getroffen wurde. Man ging daher bald einen kleinen Schritt weiter,

Abb. 83. Kellerbäckerei.

indem man den einen Abzug in drei in gleichen Abständen voneinander an der Rückseite in den Ofen mündende Züge, die sich erst im Kamin vereinigten, teilte.

Im allgemeinen ökonomischen Lexikon gibt der herzogl. Braunschweig. wirkliche Hof- und Cammer-Rath, Professor der Universität Helmstädt, D. G. H. Zinken, 1753 folgende Vorschriften für einen guten Backofen:

„Ein durchaus gleicher Herd von Ziegelsteinen, welcher mit besonderem Fleiß und Accuratesse gemacht sein will, damit er sich nirgendwo, fürnemlich aber nicht an den Seiten herum sencke, weil auf einem ungleichen Herde die Hitze sich nicht so wohl austheilet, als auf einem gleichen; ein gutes Gewölbe, welches nicht unter funffzehn und nicht über vier und zwantzig Zoll hoch sein soll. Denn je niedriger das Gewölbe ist, je besser ist es, und je leichter lasset es sich auch

Abb. 84. Altfranzösischer Holzbackofen. Relief der Bäckerei Charpentier-Paris.

Abb. 85. Backofen aus dem Jahre 1730, erbaut bei Zeithayn, in dem für das königl. Lager das 18 Ellen lange und 8 Ellen breite Brot vom Dresdner Bäcker Zacharias erbacken wurde.

gegen ein großes heitzen. Nach diesem Gewölbe muß auch das Ofenloch eingerichtet und nicht größer sein, als daß man ein Brot ein- und ausheben möge; ein oder drei Lufft-Zug- oder Rauch-Löcher, welche wohl angebracht und von gleicher Größe sein müssen, damit sie alle gleich ziehen: denn wo eines außen bleibt, da ist's gefehlet, weil daselbst der Ofen nicht gut erhitzet, daher auch das Gebäck ungleich wird und umschläget. Durch Hülffe dieser Lufft-Löcher brennet das nahe beim Ofenloch eingelegte Holtz hurtiger, und hitzet schneller, weil es von dem stark auswallenden Rauch nicht verhindert wird; eine gute über das Gewölbe geschlagene Lehm-Haube, darauf Sand gestreuet wird, wenn sie noch naß ist und der Sand hineingedrücket, wie denn auch gedachte Zuglöcher hoch und derb mit Lehmen überzogen werden sollen. Dieses ist die gemeine Art. Hinten in der Mauer, so dem Ofen-Loche gegenüber stehet, wird ein eintzig Loch in der Mitte, halb so groß als das Ofenloch angebracht und eine Feuer-Mauer daran aufgeführet. In welche man auch just über dem Loche einen Schieber machen und solchergestalt dieselbe zur Verwahrung der Hitze verschließen kann.“

Christoph Weigel sagt in seiner Geschichte des Handwerks (Regensburg 1698) über den Bäckerofen:

Abb. 86. Alte Backstube in Marbach a. N.

„Das vornehmste Werkzeug, so ein Beck vonnöten hat, ist erstlich der Backofen, welcher einen Herd entweder von Leimen platt geschlagen oder von gebrannten Steinen samt dreyen Luft-Röhren haben muß.“

Man zwang die Flammen durch diese Anordnung der Seitenzüge, sich zu teilen und das gesamte Gewölbe zu bestreichen. Die Ausnutzung der Heizgase war auch bei dieser Teilung des Hauptzuges eine sehr unvollkommene, da die Gase den Ofen viel zu früh verließen.

Eine anschauliche Vorstellung einer solchen Bäckerei mit einem Ofen „samt dreyen Luft-Röhren“ gewinnt man bei Betrachtung der Nachbildung des Inneren einer alten Backstube, die auf der Bäckerei-Ausstellung in Stuttgart 1913 zu sehen war. Da diese Bäckerei insofern unser besonderes Interesse beansprucht, als sie die des Großvaters Schillers mütterlicherseits, des Bäckermeisters Kodweis zu Marbach darstellt, so sei in Abb. 87 auch die Gesamtansicht des Bäckergebäudes gebracht.

Abb. 87. Bäckerei Kodweis, Marbach a. N.

f) Unterzug

Um ein längeres Verweilen der Gase im Ofen zu ermöglichen und um gleichzeitig eine bessere Erhitzung der Herdsohle herbeizuführen, verlegte man die Feuerung in einen der Herdgröße entsprechenden Raum unter dieselbe. Es bestand dieser Ofen aus zwei Etagen, von denen die untere als Heizraum diente. Die Backsohle wurde in genügender Höhe mit gebrannten Mauersteinen errichtet und der zwischen den Grundmauern befindliche Raum wurde mit Kies und Steinstücken soweit ausgefüllt, daß ein genügend hoher Raum unter der Herdplatte frei blieb. Um die Hitze aus der unteren Etage in die obere, den eigentlichen Backraum, treten zu lassen, waren an der hinteren

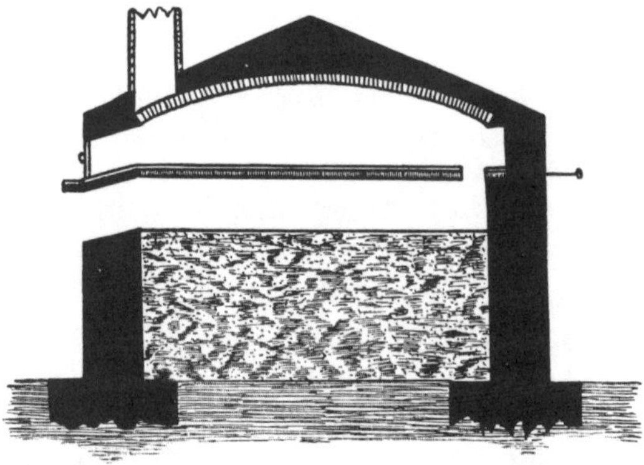

Abb. 88. Etagenbackofen.

Seite der Herdplatte zwei Öffnungen, die je nach Bedarf kleiner oder größer gestellt werden konnten, und durch die die Flammengase eindrangen. Der am oberen Gewölbe entlangstreichende Rauch gelangte durch einen über dem Mundloch einmündenden Kamin ins Freie.

Abb. 89. Apulischer Etagenofen.

Dieses Problem, die Heizgase dazu zu zwingen, möglichst lange im Ofenbau zu verweilen, um eine bessere Ausnutzung des Heizmaterials zu ermöglichen, führte zur Errichtung von Öfen eigenartigster Konstruktion, von denen noch etliche in Apulien gefunden wurden und dort als Gemeindebacköfen benutzt werden. Diese Öfen sind so erbaut, daß der eigentliche Backraum auf einem Gewölbebau ruht, der von zahlreichen Kanälen durchzogen wird. Dieses äußerst komplizierte und sinnreich erdachte Kanalsystem wurde in erstaunlich einfacher Weise durch die geschickte Bauart des Gewölbes erreicht. Die Grundform des Ofens ist ein Viereck. Die als Feuerherd dienende, aus geschlagenem Lehm bereitete Grundplatte wird überspannt von 13 bogenförmigen Rippen, welche die Wölbung bildet. Diese Rippen sind so gestellt, daß zwei die Mündung des Feuerherdes flankieren und die übrigen rundherum in gleichen Abständen stehen. Sie vereinigen sich oben zu einer gemeinsamen Platte, in deren Mitte eine Öffnung durch die Sohle des darüber liegenden Backherdes führt. Der Querschnitt der Rippen nimmt mit ihrer Verjüngung nach oben von mehreren Ziegeln im Geviert bis auf die Stärke eines Ziegels ab. In gleichem Maße verengen sich die Zwischenräume.

Die Rippenwölbung steht mit der Backsohle durch Pfeiler in Verbindung, die eine wagerechte Lagerung derselben ermöglichen und gleichzeitig geradlinige, senkrechte Feuerkanäle bilden. Auf je ein Rippenpaar werden Ziegelsteine in der Weise gelegt, daß sie auf beiden Seiten ein Viertel jeder Rippe bedecken und ein leerer Raum von der Breite eines Ziegels zwischen je zwei Ziegelsteinen offen bleibt. Auf der Grundlage dieser Ziegelsteine werden rundherum die Pfeiler, sich allmählich verkürzend, aufgeführt. Die so gebildeten kreisförmigen und senkrechten Kanäle stehen unter sich und mit der Öffnung in der Herdsohle in Verbindung. Über der an der unteren Seite aus größeren Ziegelsteinen gebildeten, oben mit Lehm verschlagenen Herdplatte erhebt sich die zweite Lehmkuppel, die den eigentlichen Backraum umschließt. Das auf dem unteren Feuerherde entfachte Feuer erhitzt die Herdplatte durch die Kanäle. Gleichzeitig dringen Rauch und Hitze durch die Öffnung in der Mitte der Herdsohle, die Decke des Backgewölbes erhitzend, und der Rauch zieht durch das Mundloch ab. Die in dem unteren Kanalsystem aufgespeicherte heiße Luft hält die Wärme des Ofens lange Zeit fest. Die nach Ablöschung

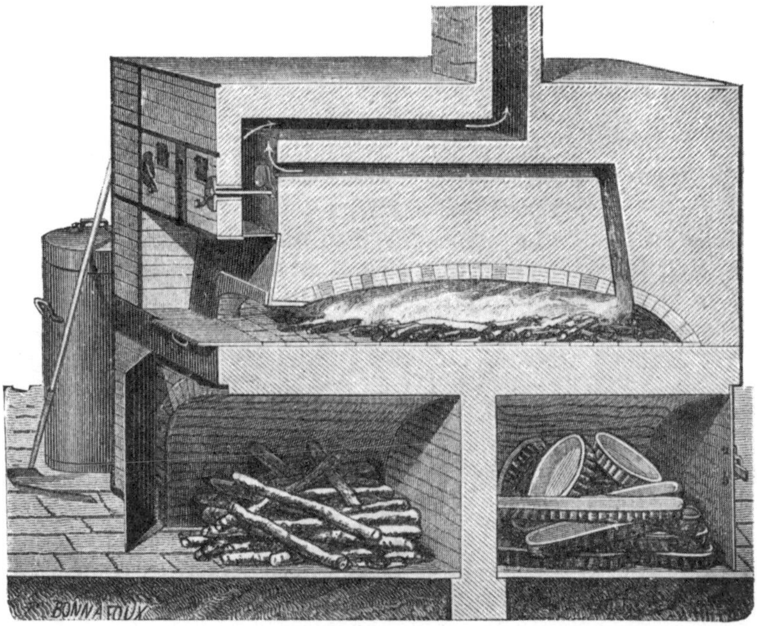

Abb. 90. Ofen mit Zug.

des Feuers aus den Kanälen langsam in den Backraum eintretende erhitzte Luft bewirkt eine langanhaltende gleichmäßige Temperatur im eigentlichen Backraume.

g) Kanal

Alle bisher erwähnten Öfen hatten den großen Nachteil, daß die die Herdsohle überspannende Lehmkuppel mit ihrer geringen Breite und ihrer geringen Masse die ganze Isolation der im Innern des Backraumes aufgespeicherten Wärme gegen die äußere Umgebung darstellte. Um die Hitzehaltung im Backraume während der Backzeit zu begünstigen, wurde das Gewölbe durch eine Schicht von

Sand, Steinen, Kies und Schlacken überdeckt. Man erreichte dieses zunächst am einfachsten dadurch, daß man die vier seitlichen Grundmauern des Ofens so weit hochführte, daß sie das Herdgewölbe etwas überragten. Der entstehende Raum zwischen der Rundung der Wölbung, über dieser und den Mauern wurde nun mit den Isolationsmassen ausgefüllt. Diese großen Mengen von Schutt- und Steinmassen sollten bald zu einem Schritt Veranlassung geben, der den ganzen Backofenbau in neue Wege leitete. Man führte in ge-

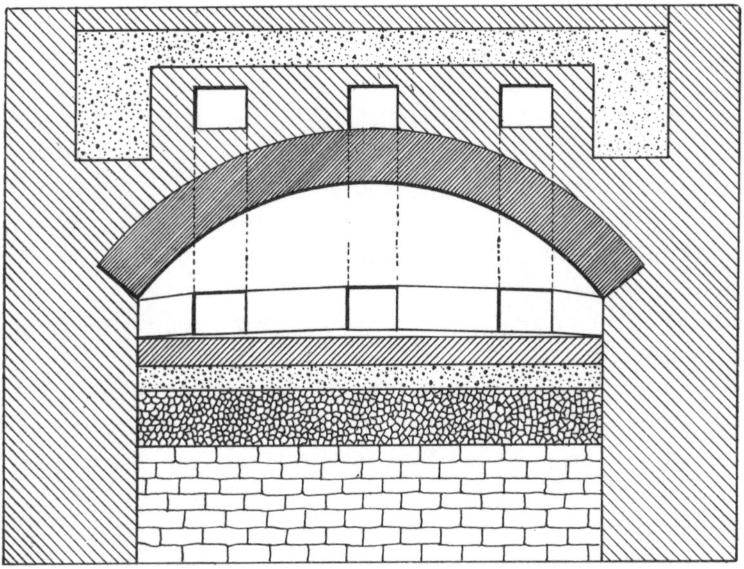

Abb. 91. Dreizugofen.

mauerten Gängen die bisher sehr kurzen Züge über dem Gewölbe durch die Isolationsmassen hindurch, ehe sie den Schornstein erreichen konnten. Dadurch wurden die Heizgase gezwungen, beim Durchstreichen dieser Kanäle ihre Hitze an die aufgeschütteten Isolations- und Füllmassen zur Aufspeicherung abzugeben, um erst nach besserer Ausnutzung in verhältnismäßig abgekühltem Zustande in den Kamin abgelassen zu werden.

Die Durchheizung des Gewölbes war jetzt eine bessere und die Oberhitze des Ofens eine gleichmäßigere. Es ergaben sich aus dieser möglich gewordenen langen Führung der Rauchkanäle noch die weiteren Vorteile, daß vor allem die Lage des Schornsteines unabhängig von der Rückwand des Ofengewölbes wurde. Der Kamin konnte nunmehr an jeder beliebigen Stelle, je nachdem es durch die bauliche Anordnung des Ofens bedingt wurde, in die Höhe getrieben werden, da die Züge in beliebiger Länge und Richtung zu führen waren. Andererseits wurde die Regelung des Zuges, die Durchgangsgeschwindigkeit der Heizgase durch den Ofen, bedeutend erleichtert, da es dem das Feuer beobachtenden Bäcker ein leichtes wurde, durch Öffnen oder Schließen der einzelnen Kanäle von der Stirnwand des Ofens her einmal die Richtung der Flammen zu regeln, die Hitze von der rechten zur linken Seite zu wenden und die Luftzufuhr zu fördern oder zu verringern.

Die durch diese neue Anordnung des stark massigen Deckengewölbes neu gegebenen Möglichkeiten führten dazu, daß man außer den allgemein gebräuchlich werdenden Öfen mit drei von dem hinteren Teile des Herdes ausgehenden Rauchkanälen, wie die Abbildung 91 zeigt, auch solche mit fünf Kanälen baute, die so angeordnet sind, daß zwei derselben schon weiter vorn durch das Gewölbe hindurchgehen. Ob diese fünffache Teilung der Flammengase die Vorteile, die man erwartete, mit sich brachte, ist mehr als zweifelhaft. Eine direkte Führungsröhre zum Kamin ganz vorn über dem Mundloch hatte eine weit größere Berechtigung. Man konnte durch diese das Feuer nach der vorderen Seite ziehen oder bei einem Versagen der Züge oder einem Stauen des Rauches im Ofen den Rauch sofort in den Schornstein ablassen. Wenn auch die Holzbacköfen in ihrer Grundeinrichtung im allgemeinen wenig voneinander abweichen, so finden sich immerhin kleine Verschiedenheiten, die ihre mehr oder minder große praktische Bedeutung haben. Die Einmündung der Rauchkanäle in gleicher Höhe des Herdes oder oberhalb desselben im Gewölbe, die von der horizontalen bis zur starken Neigung steigende Herdsohle, die Einrichtung der Verschlußklappen und Schieber der Kanäle, die mehr dem Rechteck, dem Sechseck, dem Kreis, der Ellipse oder der ovalen Eigestalt zuneigende Form der Herdplatte kennzeichnen diese Abweichungen gegeneinander.

War der Ofen so in seinen Hauptgrundbedingungen gegeben, so suchte man ihn mehr in den Einzelheiten, die die Forderungen einer guten Backware an ihn stellen, zu verbessern. Mit der steigenden Anzahl der Weizenbrote, der Weißgebäcke, die der verwöhntere Kunde mehr und mehr vom Bäcker forderte, wurde es nötig, den Wrasen oder Dampf im Ofen ständiger zu halten als es bisher bei der hauptsächlichen Herstellung der großen Roggenbrote erforderlich war. Das Kleingebäck gelang, wie man bald gelernt hatte, um so besser, je mehr Spannung des Wasserdampfes im Ofen vorhanden war. Öffnete man den einfachen Ofen, so stieg der durch das Abhudeln der Herdplatte mit einem nassen Hader oder Sack künstlich erzeugte Dampf schnell heraus; durch ein Übergreifen der Stirnwand, ein Tieferlegen der Schruft und eine Abschrägung der Herdsohle nach vorn wurde an der Vorderseite des Backraumes ein Fang für den Dampf geschaffen, der infolge der gleichzeitigen Steigung der Herdplatte diesen zu einer gewissen Pression zwang. Beim Öffnen der Schruft war ein Entweichen des Wrasens daher schwierig und derselbe wurde im Ofen gehalten.

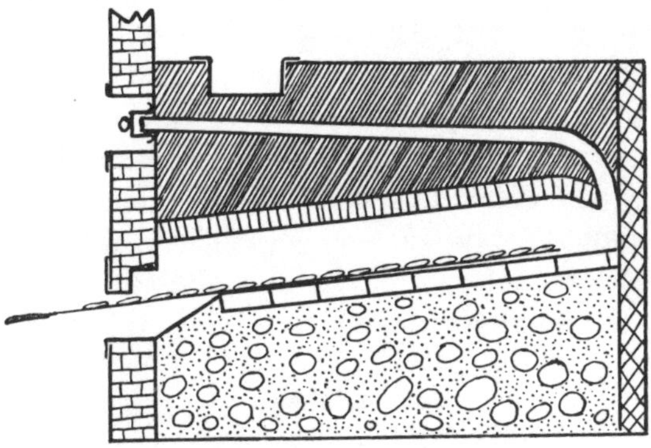

Abb. 92. Ofen mit Wrasenhaltung.

h) Kohle

Hatte man die Backöfen, um das zur Beheizung notwendige Holz sofort zur Hand zu haben, mitten in den Wald gebaut, so wurde es mit dem Einzug des Bäckers in die Stadt schwierig, dieses Feuerungsmaterial zu billigem Preise und in genügender Menge zu beschaffen. Es ergab sich daher als natürliche Folge, daß man dazu überging, die Kohlen zur Beheizung heranzuziehen, um den Backofenbetrieb überhaupt rentabel zu erhalten. Die einfachste Lösung dieser mit dem Steigen des Holzpreises immer kritischer werdenden Frage war die, daß man auf in den Ofen gebrachte Reisholzbündel Torf oder Braunkohlen aufwarf. Die auf der Glut des brennenden und verbrannten Reisigs aufliegenden Kohlen lagen locker auf, so daß die zur Verbrennung notwendige Luft auch von unten an sie herantreten konnte.

Die Kohlenfeuerung wurde zuerst in England wie folgt angewendet: Ein mit einem Rost versehenes und mit glühenden Kohlen beschicktes Becken wurde durch das Mundloch des Ofens auf die

Herdplatte geschoben. In den unter dem Rost befindlichen Aschekasten war ein Rohr geleitet, das durch eine passende Öffnung der Mundlochtür die zur Verbrennung notwendige Luft dem Feuerbecken zuführte. Ein ähnliches Rohr, das zum Schornstein ging, diente zum Absaugen des sich entwickelnden Rauches. Die möglichst gleichförmige Erhitzung des Ofeninneren wurde durch mehrfaches Verschieben des Beckens erreicht.

Wie bereits gesagt, waren diese Beheizungsverfahren nur Notbehelfe. Das Aufwerfen der Kohlen auf die Reisigglut wies schon auf die einzig mögliche rationelle Verbrennung der Kohle mittelst des Rostes hin, wie sie bei allen technisch-industriellen Anlagen bereits im Gebrauch war. Die Notwendigkeit, ein billigeres Heizmaterial zu schaffen, sich dem wachsenden industriellen Aufschwung anzupassen, sich dem Verlangen anderer Gewerbe nach Holz, die dessen Verarbeitung und Verwertung immer wertvoller gestaltete, zu fügen, zwang den Backofenbauer, die Kohlenverbrennung auch dem Backofen nutzbar zu machen. Es bedeutet dies einen wichtigen Schritt in der von diesem Zeitpunkt ab nun schnell vorwärtsschreitenden Entwicklung des Ofens.

i) Rost

Der erste Rost befand sich unmittelbar vorn in der Mitte der Herdfläche in gleicher Höhe derselben und hatte die Breite des Mundlochs oder der Schruft. Nach dem Heizen des Ofens wurden die Aschenreste vom Ofen entfernt und dieser mit einer Eisenplatte überdeckt, um das Schieben des Brotes zu ermöglichen und zu erleichtern. Diese meist aus mehreren Teilen zusammenzusetzenden Platten haben gewöhnlich nach unten rippenartige Fortsätze, die in die Zwischenräume der Roststäbe eingreifen, so die Platten in ihrer Lage festhaltend und eine Ebene mit der Herdplatte schaffend.

Das Reinigen des Rostes von den Ascheresten wurde dadurch erleichtert, daß man diesen durch Drehung um die Seiten- oder Mittelachse kippbar machte, die ausgeglühten Kohlen gelangten nun ohne weiteres in den Aschenfall. Der vor dem Mundloch befindliche Rost hatte hauptsächlich den Nachteil, daß während der Zeit der Reinigung und der Bedeckung der Roststäbe kurz vor dem Einschieben der Gebäcke eine große Menge kalter Luft in den Backraum eindringen konnte. Wurde der Rost seitlich der Schruft nach einer Seite verlegt, so hatte der Bäcker weniger Störungen durch die Feuerung, da es nur nötig war, die Feuerungstüren vor dem

Einschießen zu schließen. Andererseits war es natürlich nicht möglich, bei Verlegung des Rostes nach einer Seite die gegenüberliegende in vollkommener Weise zu erhitzen. Dieser Übelstand konnte selbst durch die Einführung mehrerer Rauchkanäle an dieser entgegengelegenen Seite, um ein Herüberziehen der Flammen zu ermöglichen, nur wenig abgeschwächt werden. Es war daher selbstverständlich, daß man diesen Mißständen durch Teilung des Mittelrostes in zwei rechts und links des Mundloches an den Seiten des Ofenraumes liegenden Roste mit einem Schlage ein Ende machte. Gleichzeitig wurde durch diese Neuordnung der den Ofen be-

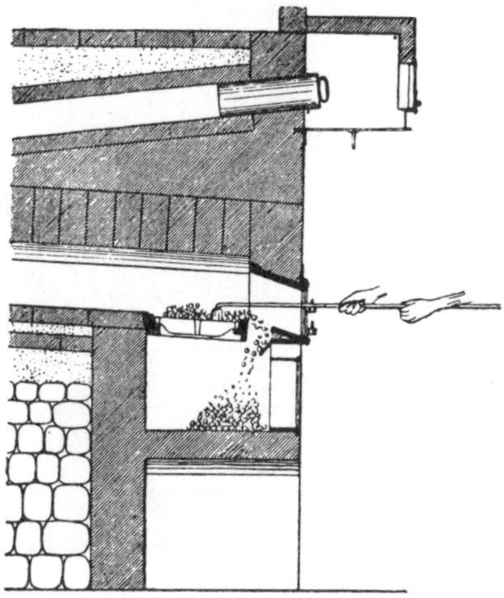

Abb. 93. Ofen mit hochliegender Planrost-Brustfeuerung.

schickende Bäcker von der Ausstrahlungshitze der heißgewordenen Armaturen der bisherigen Brustfeuerung befreit.

Um ein Bestreichen des vorderen Ofenteiles durch die Flammengase in möglichst vollkommener Weise zu ermöglichen, ordnete man diese beiden Seitenroste, die zunächst parallel der Ofenachse liefen, bald so an, daß sie eine Schrägrichtung nach der Mitte zu einnahmen, wodurch eine gleichmäßige Beheizung aller Teile der Herdplatte und des Gewölbes erreicht werden sollte. Durch die seitliche Verlegung des Rostes bot sich weiter der Vorteil, daß gleichzeitig eins der Feuerungslöcher zur Anbringung des Beleuchtungsapparates dienen konnte.

Zur einfachen und schnellen Beschickung des Ofens bediente man sich auch einer Art Vorstellkästen, die einen Teil der Roste bedecken, den Schmutz der Roste von der Herdfläche abschließen und dieser eine praktische Form geben auf Kosten geringer Mengen Raum, der auch ohne die Vorsatzkästen unbenützt bleiben mußte.

Neben der Teilung des erstangewendeten Mittelrostes in zwei Seitenroste ging die Tieferlegung desselben einher. Es sollten dem Bäcker dadurch weitere Bequemlichkeiten geschaffen werden. Durch die Tieflegung des Rostes wurde zunächst erreicht, daß eine Verunreinigung der Herdfläche durch größere Kohlenbrocken gänzlich ausgeschlossen wurde. Nur der sich an den zunächst noch kalten Wänden niederschlagende Ruß und die sich ablagernde Flugasche konnten eine Verunreinigung des Backraumes herbeiführen. Aber auch das Auflegen der Rostplatten nach der Be-

Abb. 94. Aufsicht auf Seitenroste mit Vorsatzkästen.

heizung ging bedeutend schneller vor sich, da diese sich in die vorgeschriebenen Lager oberhalb des Rostes ohne weiteres einfügten. Eine vollständige Löschung der etwa auf dem Rost noch vorhandenen Glut vor dem Einführen der Rostdeckplatten war nicht mehr nötig, ja nicht einmal wünschenswert, da die kalt in den Ofen gebrachten Platten durch diese schnell auf die nötige Temperatur gebracht wurden.

Durch die Tieflegung des Rostes wurde auch die vor dem Schieben notwendige Reinigung, das Abfegen und Abhudeln der Herdplatte, insofern etwas erleichtert, als alle Schmutzteilchen und Flugascherückstände ohne Mühe in den Schächten und Einschnitten der Rostfeuerungen verschwinden konnten.

Sehr viele der in gewerbsmäßig betriebenen Bäckereien stehenden alten Holzbacköfen sind im Laufe der Jahre zu Kohlenrostöfen oben beschriebener Art umgebaut worden. Nach der Lösung der Hauptaufgabe, der möglichst ausgiebigen Verbrennung der Kohle, wandten sich die Ofenbauer mehr der Vervollkommnung des Rostes und seiner Einrichtung zu. Die möglichst innige Mischung der Heizgase mit der durch den Rost zur Verbrennung notwendig zuströmenden Luft mußte zur weitgehendsten Ausnutzung des Heizmaterials führen. Man suchte das dadurch zu erreichen, daß man bei tiefergelegtem Rost den Eintrittsausschnitt der Heizgase vom Rost zur Herdfläche verengerte, wodurch gleichzeitig auch die Abdeckplatte verkleinert wurde.

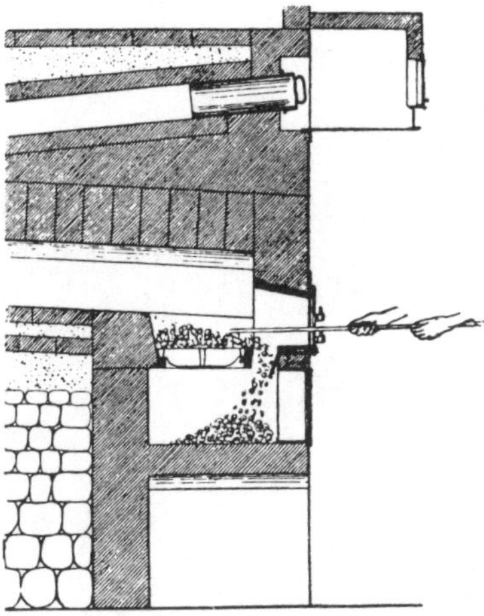

Abb. 95. Ofen mit halbtiefliegender Planrostfeuerung.

Die Zahl der verschiedenen Rostkonstruktionen ist unendlich groß und sie bieten Vorteile, die der jeweilige Fabrikant mit größter Überzeugungstreue vortragen wird. Es würde zu weit führen, die verschiedenen Konstruktionen der hoch- oder tiefliegenden und der halbhoch- oder halbtiefliegenden Roste aufzuführen oder hinsichtlich ihres technischen Fortschrittes prüfen zu wollen. Neben der Planrostverbrennung führte man die Rostkörbe, Schüttfeuerungen, Schalenroste, Schrägrostfeuerung, Koksrost- und sog. Sparrostfeuerungen ein. Alle diese Rostneukonstruktionen laufen darauf hinaus, mittelst geschickter Zuführung von Frischluft oder Sekundärluft eine möglichst vollständige Rußverbrennung und dadurch eine Kohlenersparnis herbeizuführen.

Durch die Einführung des Rostes und der damit geschaffenen Möglichkeit, die zu einer intensiven Verbrennung notwendige Menge

Luft dem Brennstoff zuzuführen, wurde es möglich, auch ein schwerer als Kohle verbrennendes Heizmaterial (Koks) zur Befeuerung des Backofens zu verwenden.

Mousseau brachte zuerst zu diesem Zweck in der Längsrichtung des Ofens einen vertieften Kanal an, in welchem ein Kokswagen hin- und herbewegt werden konnte.

Die Bewegung des Wagens erfolgte durch ein Räderwerk von außen oder wie in der Abbildung 98 dargestellt, durch eine Zugstange. Die Heizgase durchstrichen den Backraum und wurden dann durch den Ofen mittelst der Kanäle nach dem Kamin ab-

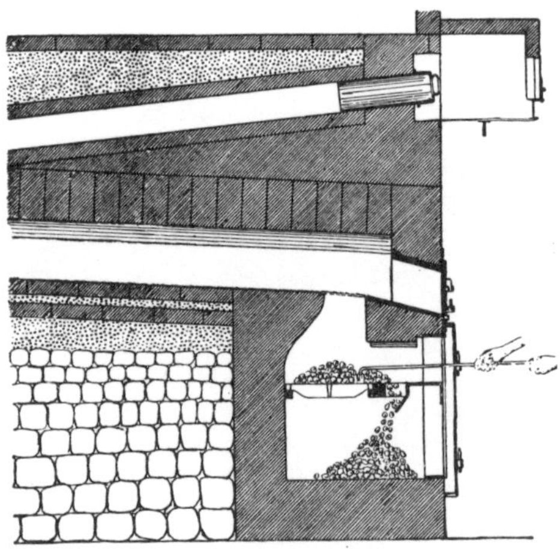

Abb. 96. Rostofen m. Verengung d. Eintritts d. Heizgase.

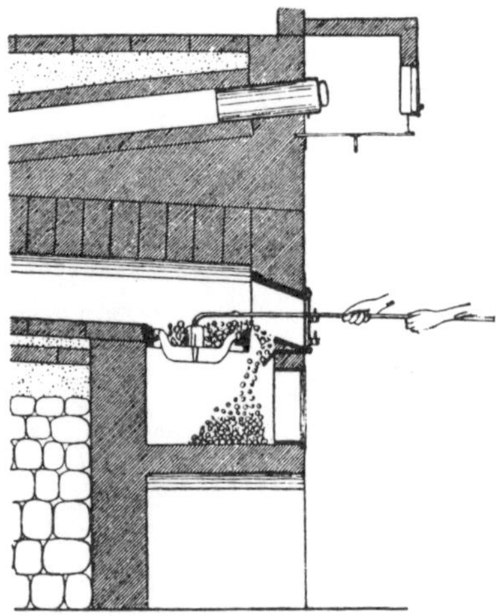

Abb. 97. Ofen m. Korbrostfeuerung.

geleitet. Nachdem der Backraum die nötige Temperatur erreicht hatte, wurde der zu diesem führende Kanal mit einer Platte abgedeckt und die Heizgase wurden nun durch Rauchkanäle abgeführt. Die in den Abbildungen wiedergegebene Rostwagenfeuerung zeigt insofern noch eine Verbesserung, als ein zum Abstreifer ausgebildeter Schrägrost nach dem Verbrennen des Kokses die Schlacke durch Zurückziehen des Wagens von diesem in den Aschefall beförderte.

Beim tiefliegenden Rost ließ man meist die herabfallende Glut ruhig weiterglimmen bis sie von selbst erlosch. Mit dem Bedürfnis, mehrere Schuß Brot in demselben Ofen backen zu müssen, wurde der Wunsch rege, das einmal angeschürte Feuer nicht ablöschen zu brauchen, sondern bis zum letzten Aufheizen des Ofens schwach weiterbrennen zu lassen. Gemäß diesem Wunsche führte man einen verschließbaren Abzugskanal vom Rost aus unter der Herdfläche hinweg zum Kamin, dessen Verschlußklappe nach der Überdeckung des Rostes geöffnet wurde, und der zunächst eine ständige Feuerunterhaltung ermöglichte. Bald sah man wohl ein, daß die so erzeugte Hitze rein verloren ging und man leitete diesen unter der Herdplatte laufenden Kanal nicht mehr direkt in den Schornstein, sondern an der Hinterwand hinauf in einen der eigentlichen Züge, die über dem Gewölbe entlang liefen.

Durch das Abschließen dieser eigentlichen Ofenzüge gegen den Backraum und das Öffnen der Klappe zum Feuerungsverbindungs-

Abb. 98. Rostwagenfeuerung.

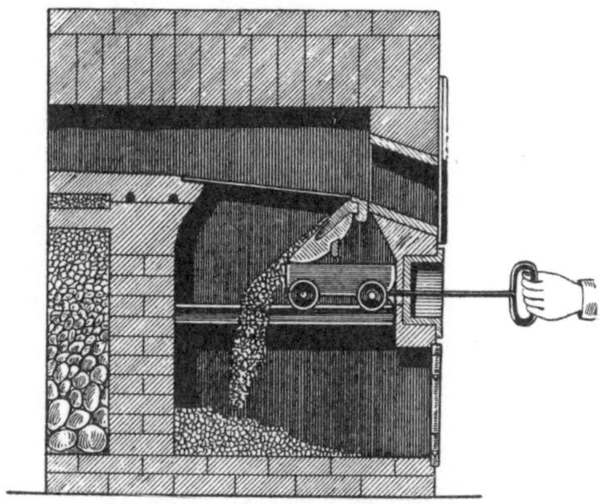

Abb. 99. Rostwagen beim Entschlacken.

kanal war es jetzt zum erstenmal möglich, auch während des Ausbackens des Brotes den Ofen auf genügend hoher Temperatur zu halten und damit die Ausbackzeit abzukürzen.

Es stellen diese Öfen das Bindeglied zwischen dem Ofen mit direkter und indirekter Heizung dar. Einmal konnte der Backraum unmittelbar von den Heizgasen durchstrichen werden, zweitens konnten diese Heizgase aber auch sich in den Kanälen über dem Gewölbe verbreiten und dem Ofen selbst während des Backens Hitze zuführen.

2. Öfen mit Außenfeuerung

a) Seitenfeuerung

Der letzte Schritt zum Ofen mit indirekter Außenfeuerung war bald getan. Die großen Vorteile gegenüber dem alten System der Innenfeuerung waren zu stark hervortretend. Es entstanden die Kanal-

oder Unterzugsöfen. Reinlichkeit und Dauerbetrieb sind die beiden in die Augen springenden Vorteile der Öfen mit äußerer indirekter Feuerungsanlage. Von dem Raume über dem Rost gehen die Kanäle, die Züge unter der Herdplatte, rechts und links der Seitenwände und über dem Gewölbe durch das Gemäuer, den ganzen Ofenbau durchwärmend, ohne den Backraum zu berühren. Es wird die Hitze der Heizgase dem Backraum von allen Seiten gleichmäßig durch das Mauerwerk indirekt mitgeteilt. Eine Verunreinigung der Herdplatte oder des Backraumes ist ausgeschlossen, da die Heizgase nicht

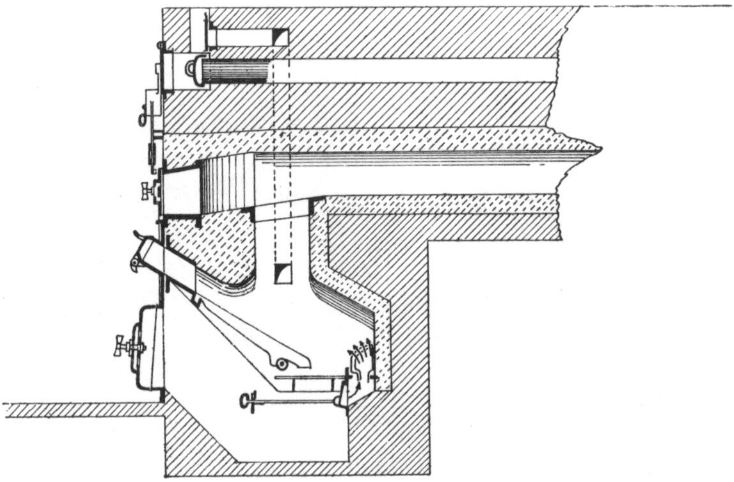

Abb. 100. Erste kontinuierliche Heizung.

mehr in unmittelbare Berührung mit dem Inneren des Ofens kommen, somit auch Kohlenreste oder Flugasche dieses nicht mehr verschmutzen können. Der Backraum kühlt sich während und nach jeder Schicht auf ungefähr 100° C ab.

Infolge der Möglichkeit, unbeschadet des Backbetriebes durch ständiges Weiterfeuern die Hitze im Ofen auf gleichmäßiger Höhe zu halten, war es ein leichtes, zwischen zwei Schüben das Mauerwerk wieder soweit zu erwärmen, daß die im Backraum notwendige Temperatur von ungefähr 230° C erreicht wurde. Eine weitere wesentliche Zeitersparnis trat dadurch ein, daß das jedesmalige Saubermachen der Herdfläche fortfiel, daß durch das dauernde Einhalten eines hohen, wenig abnehmenden Hitzegrades im Backraum die Backzeit der Brote auf ein genügendes Maß verkürzt und ferner ein gleichmäßigeres Ausbacken erreicht wurde. Je mehr

Brot in einem Ofen hintereinander gebacken wird, desto besser die Ausnützung.

Durch die Verlegung der Feuerung nach außen wurde zugleich die vollkommene Unabhängigkeit der Lage der Feuerung und damit eine große Veränderungsmöglichkeit in der Gesamtbauanlage nicht nur des Ofens, sondern man kann wohl sagen der ganzen Bäckereianlage geschaffen.

Sobald es daher der Raum gestattete, verlegte man die Roste des Backofens zunächst von der Vorderseite an die Seite. Die Bedienung der Feuerung war danach ohne Störung des vor dem Ofen arbeitenden Bäckers möglich. Weiterhin war die Belästigung des arbeitenden Personals durch die von den Feuertüren und Aschenfallöffnungen ausstrahlende Hitze fast ganz aufgehoben.

Infolge der Wärme der Gase haben diese das Bestreben, nach oben zu steigen und sie durchstreichen den Ofen, unter der Herdplatte fortziehend, dann oberhalb des Gewölbes, dieses erhitzend, hinweggehend zum Kamin. Dem Bäcker war es längst durch die Praxis bekannt geworden, daß die Güte der Backwerke wesentlich mehr von einer guten Oberhitze, die vom Gewölbe in den Backraum strahlt, als von der Hitze des Backherdes selbst abhängt. Man trachtete daher danach, die größte Heizkraft der sich entwickelnden Heizgase zur Erwärmung des Gewölbes auszunutzen, indem man diesen einen solchen Weg vorschrieb, daß von ihnen zunächst das Gewölbe bestrichen wurde und sie erst dann, unter der Herdfläche entlang geleitet, hier den Rest ihrer Wärme abgaben. Gleichzeitig mit diesem dem Gase vorgeschriebenen Wege suchte man eine gewisse Pressung derselben zu erreichen, wodurch ein längeres Verweilen und damit eine bessere Ausnutzung ermöglicht schien, da die Gase so gezwungen wurden, einen ihrem natürlichen Auftrieb entgegengesetzten Weg, nämlich von oben nach unten, durch den Ofen zu nehmen.

Die erste Lösung dieser Aufgabe durch Anderegg war eine höchst unglückliche. Sie bestand darin, daß er eine allerdings mechanisch arbeitende Schüttrostfeuerung oberhalb des Backraumes anbrachte.

Welche großen Nachteile diese vor dem Kopf des schiebenden Bäckers glühende Heizanlage mit sich führen mußte, bedarf wohl keiner weiteren Erläuterung.

Die Regulierung der Ober- und Unterhitze des Ofens war ein Bedürfnis, dem abzuhelfen nach der Einführung der Kanalöfen keine Schwierigkeiten mehr entgegenstanden. Es bedurfte nur der Her-

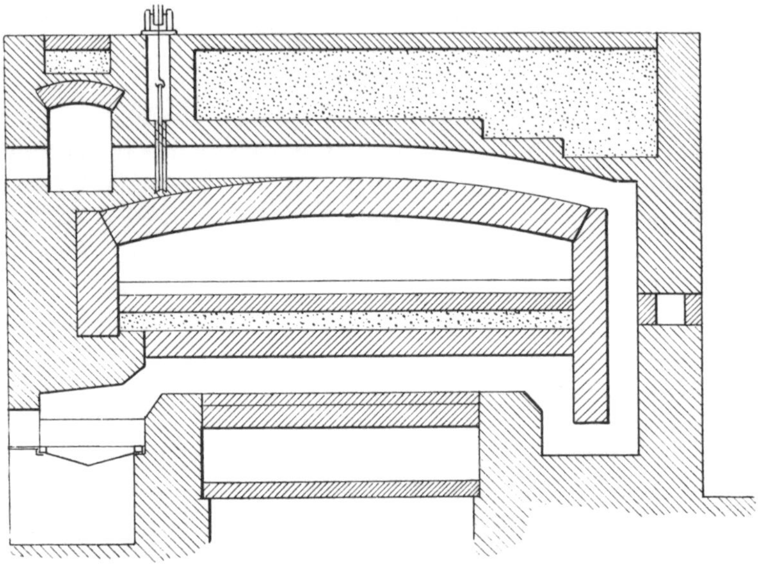

Abb. 101. Seitenfeuerung.

stellung einiger Verbindungskanäle und Einschaltung von Schiebern, um die von der tiefliegenden Feuerung kommenden Heizgase durch

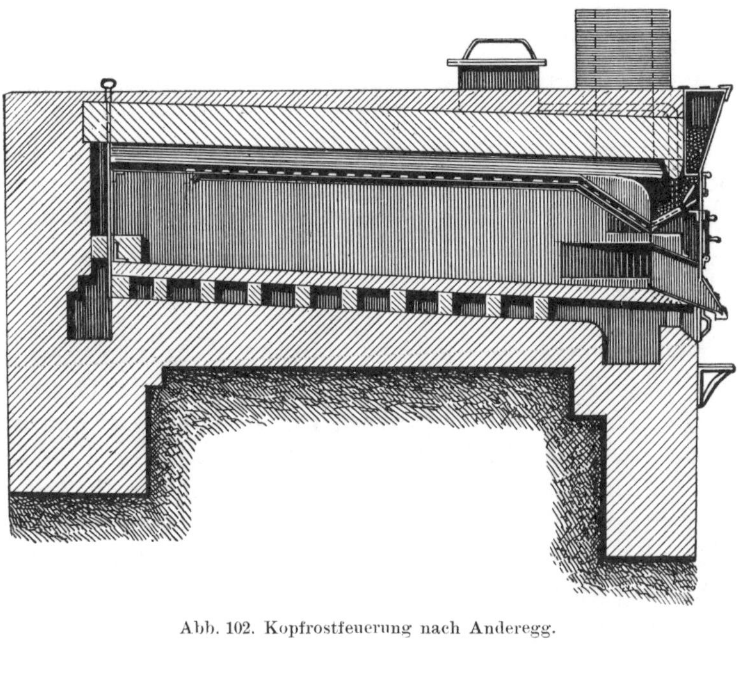

Abb. 102. Kopfrostfeuerung nach Anderegg.

entsprechendes Öffnen und Schließen der Klappen in den Kanälen entweder sofort über das Gewölbe ziehen zu lassen, oder umgekehrt sie unter die Herdfläche treten zu lassen. Der Backraum ist bei den modernen Kanalöfen mit einem System von Heizkanälen umzogen, in welchen die Heißluft gewöhnlich so umläuft, daß sie unterhalb der Sohle hinzieht, dann oberhalb der Decke nach vorn zurückkehrt. Öfter sind die den Backraum umgebenden Hohlräume von zweierlei Art, indem die Zugkanäle mit Räumen abwechseln, in denen die erhitzte Luft stillsteht, um so die Wärme noch besser abzugeben.

b) Rückfeuerung

Die Verlegung des Rostes an die Rückseite des Ofens ließ eine Trennung der eigentlichen Backstube, des Wirk- und Gärraumes vom Heizraum zur Tatsache werden. Der Heizraum mit seinem Kohlenschmutz, seinem Kohlendunst und -staub, seinen Ascheresten und mehr oder minder angerußten Gegenständen wurde ein Raum für sich. Es war ein Lagerraum für Brennmaterial geschaffen, das schnell zur Hand war, und das in großen Mengen in diesen hereingeschafft werden konnte, ohne Rücksicht auf die während des Einbringens statthabende Staubentwicklung. Der Nutzen dieses abgeschlossenen Heizraumes wurde besonders offenbar, wenn mehrere Öfen nebeneinander gebaut wurden, wie es in größeren Bäckereien oder Brotfabriken erforderlich wurde.

c) Eisengewölbe

Die Erwärmung des Backraumes durch die nur mittelbare Übertragung der Hitze durch das gemauerte Gewölbe, weiter die bereits bekannten Vorteile einer kräftigen Oberhitze führten zu Versuchen, das Gewölbe des Backraumes aus einem besseren Wärmeleiter als Stein, nämlich aus Eisen herzustellen. Diese Überdeckung nimmt die Hitze der über sie hinwegstreichenden Gase bedeutend rascher auf und gibt sie entsprechend schneller an den Backraum ab. Die Öfen mit eisernen Innengewölben haben sich wohl bewährt und sind längere Zeit gebaut worden, obgleich sie sich im Preise naturgemäß höher stellten, bis man davon abging, die Decke des Backraumes überhaupt zu wölben. — Wärmestrahlen werden in der Richtung des Radius eines Kugelgewölbes reflektiert bzw. ausgestrahlt, wie wir dies am Brennspiegel beobachten können. Es erklärt sich aus diesem physikalischen Gesetz, daß der Mittelpunkt oder die unter einem erhitzten Gewölbe liegende mittlere Fläche durch die Konzentration der vom Gewölbe ausgehenden Wärmestrahlen am stärksten erhitzt werden muß. Die gleichmäßige Erwärmung eines überwölbten Backraumes ist daher schwieriger als die eines mit gerader Decke versehenen. Nachdem sich diese Erkenntnis Bahn gebrochen hatte, war es selbstverständlich, daß man beim Neubau eines Ofens den Backraum mit gerader Decke abschloß, eine Bauart, die gleichzeitig die Führung der Heizkanäle erleichterte. Über die Seitenwände des inneren Backraumes wurden T-Eisen gelegt; diese stellten ein Gerippe dar, dessen Zwischenräume mit starken Ziegelplatten ausgefüllt wurden.

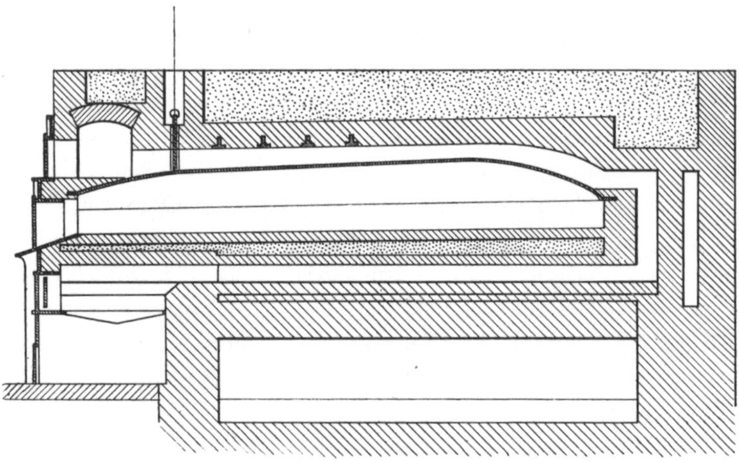

Abb. 103. Ofen mit Eisengewölbe.

d) Doppelofen

Der gewaltige wirtschaftliche Aufschwung der letzten zwanzig Jahre, der große Anforderungen an Zuverlässigkeit und Rentabilität jedes Unternehmens stellte, ließ eine unaufhaltsam fortschreitende Entwicklung des Backofens einsetzen. Als man dazu überging, das tägliche Brot im Großbetriebe herzustellen, wurden die Ansprüche an die Leistungsfähigkeit des Ofens auf das höchste gespannt und die Ausnutzung einer möglichst großen Herdfläche Bedingung. Der Kanalofen mit seiner großen, erhitzten Mauermasse bot in vorzüglicher Weise Raum zur Einfügung einer zweiten Herdfläche, eines weiteren Backraumes. Die nicht mehr gewölbte Decke des Ofens machte es leicht, diese gleichzeitig als eine neue über dem ersten

Backraum liegende Herdfläche zu benutzen. So entstand der Etagen- oder Doppelofen, der mit mehreren Herden übereinander gebaut wird.

Trotz der großen Vorteile, die der Kanalofen in seiner heutigen Gestalt bietet, ist die Ausnützung der Hitze der erzeugten Heizgase keine vollkommen ideale. Die große Menge des zu erhitzenden Mauerwerkes mit seinen Isoliermassen bedeutet immer noch eine Wärmeverschwendung, die abzustellen das Bestreben der Backofentechnik sein mußte.

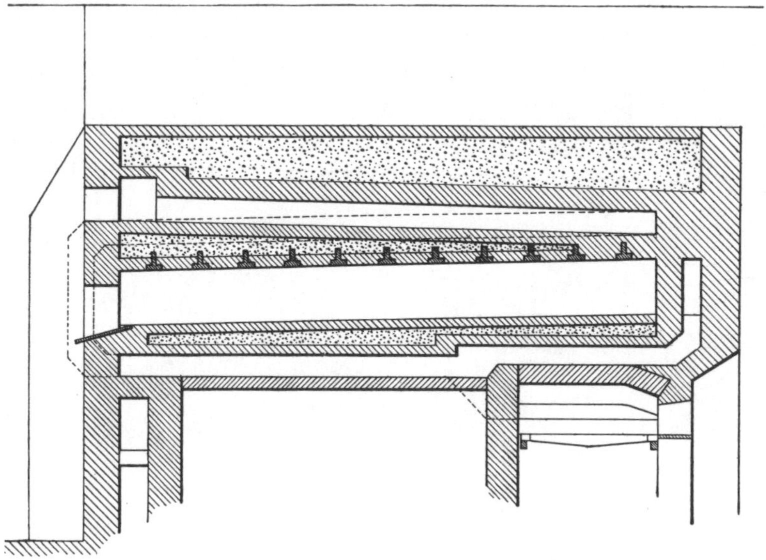

Abb. 104. Backraum mit gerader Decke.

Die zum Teil langen und schwer zugänglichen Kanäle setzen sich, besonders bei einer Beheizung von schlechter Braunkohle, im Laufe der Zeit voll Ruß und Flugasche. Diese Ablagerungen bilden unmittelbare Wärmeisolatoren, so daß die Wärme der Heizgase nicht mehr dem Gemäuer mitgeteilt wird, sondern zum Teil unausgenutzt bis zum Schornstein geleitet wird und durch diesen verloren geht. Eine gründliche Reinigung der Kanäle, die ein Aussetzen der Feuerung verlangt, ist daher von Zeit zu Zeit erforderlich. Eine Unterbrechung des Betriebes und die damit verbundene Abkühlung der Mauermasse bedingt den Verbrauch einer großen Menge Brennstoffes zum Neuaufheizen des ganzen Ofens und auch einen dementsprechenden Zeitverlust.

e) Heißluft

Die Verwendung des Generatorgases ließ die Möglichkeit zu, ohne Kanäle und doch ohne Ablagerung von Flugasche oder Ruß den Ofen zu beheizen, indem man das Gas unmittelbar im Backraum zur Verbrennung brachte. Die Generatoren gestatteten es auch, minderwertige Brennstoffe zu verwenden. Durch einen absperrbaren Kanal steht der Backraum mit dem Generator in Verbindung. Nach der Konstruktion von Schinz tritt gleichzeitig mit dem Generatorgas von außen die für die Verbrennung des Gases notwendige, genau regulierte Frischluft durch Röhren in den Backraum hinein,

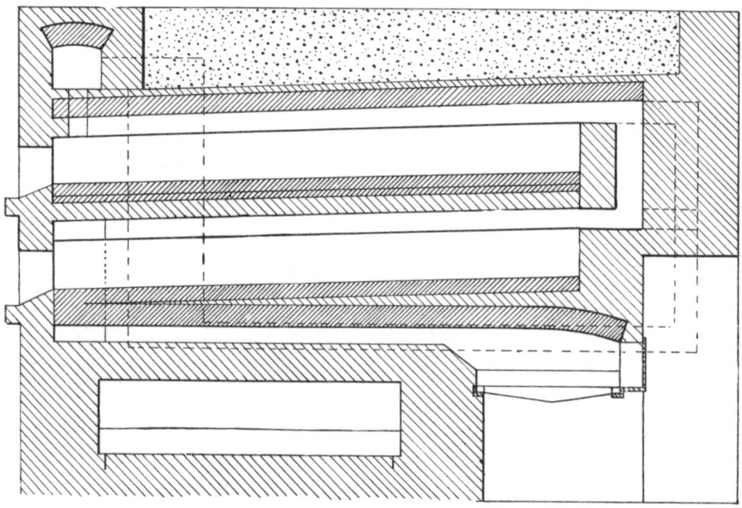

Abb. 105. Unterzug-Doppeletagenofen.

so daß ohne irgendwelche festen Verbrennungsrückstände eine vollkommene Verbrennung des Gases zu Kohlensäure eintritt. Eine Verbesserung der Generatorgasverbrennung im Ofen wurde dadurch erreicht (Fischer), daß man die Frischluft zuführenden Röhren unter dem Gewölbe des Backofens hindurchführte, wodurch die sie durchstreichende Luft vorgewärmt wurde und durch die nun heiß eintretende Frischluft eine Abkühlung der zur Verbrennung zu bringenden Gase vermieden wurde.

Abgesehen von den Ofen, die nur durch heiße Luft erwärmt werden sollten und zwar so, daß man atmosphärische Luft auf eine hohe Temperatur brachte und diese unmittelbar in die Backräume hinein- oder um diese herumleitete, wodurch auch eine wesentliche

Vervollkommnung des Unterzugofens in keiner Weise erreicht wurde, suchte man eine schnellere und vollkommenere Ausnützung der Heizgase dadurch zu erreichen, daß man diese durch eiserne Röhren unter und über dem Backraum hinleitete. Die Hitze sollte in einem solchen Ofen mit Heißluftröhrenheizung nicht mehr mittelbar durch strahlende Wärme der Mauermasse auf das Gebäck übertragen werden, sondern sollte auf dem kürzesten Wege unmittelbar auf die Brote einwirken.

Interessant ist bei der Abb. 106 auf der folgenden Seite noch die Anordnung einer drehbaren, kreisrunden Herdscheibe, die von außen her durch Räderwerk betrieben, eine Lageveränderung der Herdfläche während des Backens ermöglichte.

Es ist ja eine ganz selbstverständliche Tatsache, daß bei jedem Backofen die Hitze in der Nähe der Feuerung infolge der Ausstrahlung des dort stärker erhitzten Mauerwerkes eine größere sein wird. Hierdurch wird stets eine ungleichmäßige Erhitzung der Herdfläche bedingt sein, die ein Umsetzen des Brotes während der Backzeit notwendig macht. Dieser Übelstand, der sich vorläufig bei jedem Ofen mit indirekter Heizung mehr oder minder stark bemerkbar macht, soll durch die Drehung und wechselnde Lage der Herdplatte vermieden werden. Ferner ist nicht zu leugnen, daß die Möglichkeit, jeden Teil der Herdfläche vor das Mundloch bringen zu können, wesentlich zur Bequemlichkeit des schiebenden Bäckers beiträgt.

Der Konstrukteur dieser beweglichen Herdplatten, der Pariser Bäcker Rolland, hatte dabei wohl außer acht gelassen, daß das Vorsetzen der halbausgebackenen Brote hauptsächlich deshalb vorgenommen wird, um die Grundhitze neuer Teile der Herdplatte auf den Boden des Gebäckes wirken zu lassen.

Ausgehend von der Überlegung, daß zur Bildung der Dextrinschicht des eingeschobenen Brotes mit Hilfe des sich auf der Oberfläche des Gebäckes niederschlagenden Wasserdampfes, andererseits zur späteren Krume- und Krustenbildung verschiedene Temperaturen nötig seien, hat A. Seidl in München einen Ofen konstruiert, der das Gebäck nacheinander, je nach den Phasen der Gebäckbildung, den zeitlich entsprechenden, geeigneten Temperaturen aussetzt. Er erreicht dies durch eine zehnteilige Drehscheibe, die, wie in dem bereits beschriebenen Ofen, als Herdsohle dient. Die zur Beschickung des Ofens dienende Schruft befindet sich entgegen der Heizung, also am kühlsten Teil des Ofens, so daß durch Drehung der Scheibe das Gebäck erst allmählich der größten Hitze über dem Feuerraum ausgesetzt wird. Der Patentanspruch für diese Ofenkonstruktion lautet: Ein zur Ausführung (oben gegebener Idee) geeigneter Backofen, dessen Backraum durch Heizorgane (Heizkanäle oder Heizrohre bzw. Heizgase) an einem Teil schwächer geheizt wird als an einem anderen Teil, in dessen schwächer geheizten Teil die Backware zuerst eingebracht und von dort aus in und durch den stärker geheizten Teil befördert wird, unter Anwendung einer zweckmäßig, teilweise herausnehmbaren Drehscheibe als Transportvorrichtung.

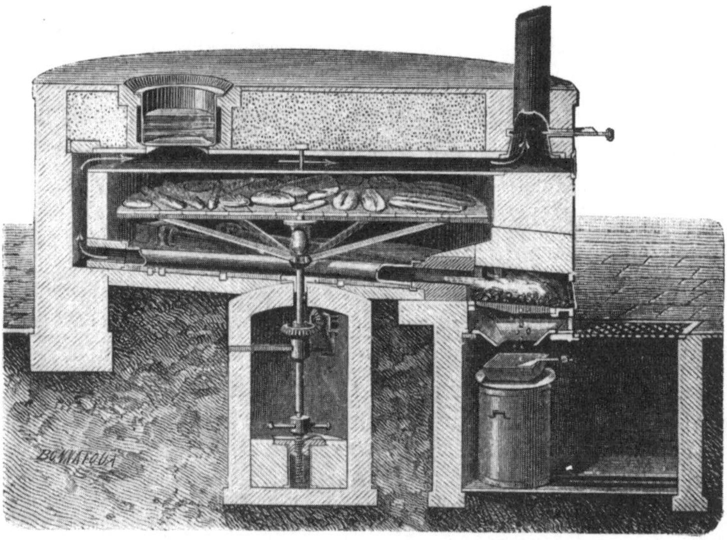

Abb. 106. Röhren-Luftheizung.

Die fortschreitende, technisch mögliche Entwicklung des Backofens wird unterbrochen durch eine Reihe von Konstruktionen, die von dem bisher verfolgten Prinzip vollkommen abwichen. Sie sind nie in allgemeinen Gebrauch gekommen, sondern sie wurden nur als Merkwürdigkeiten ganz vereinzelt gebaut. Sie alle stellen die mehr oder minder praktischen Produkte pfiffiger Erfinder dar. Die Besprechung dieser Bauten erübrigt sich, da sie nur Seitensprünge von der geraden, folgerichtig weiter vorwärts strebenden Linie bedeuten.

f) Heizrohre

Die Übertragung der in der Feuerung erzeugten Hitze durch ein von dieser zunächst unabhängiges Medium, das die aufgenommene Hitze schnell in den Backraum leitet und dort ebenso schnell ohne große Verluste abgibt, bedeutete einen großen Schritt weiter in der technischen Entwicklung des Backofens. Es war zuerst der englische Ingenieur Perkins, der die Beheizung des Ofens durch heißes Wasser einführte. Das Kennzeichen des Perkins-Ofens war eine um den Backraum herumlaufende, vielfach geschlungene und gewundene Röhre, die den ganzen Backraum in das Netz dieser einzigen

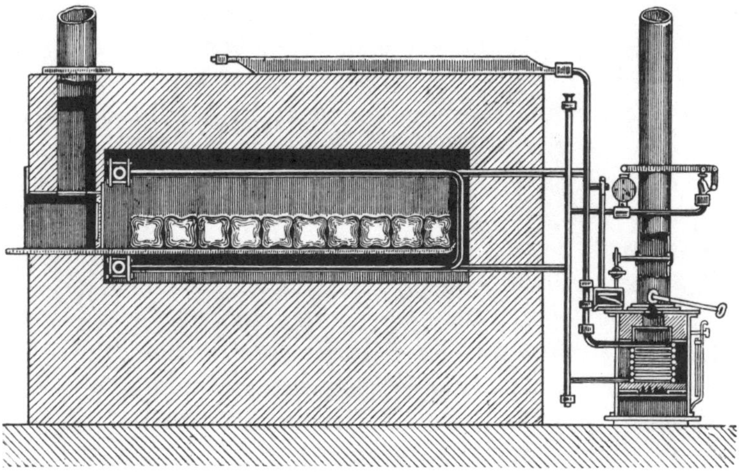

Abb. 107. Ofen mit spiralförmiger Perkinsscher Röhre und besonderem Heizofen.

Röhre einwickelte. Diese in sich geschlossene Röhre endete in zahlreichen spiralförmigen Windungen in einem vom eigentlichen Backofen getrennten Erhitzer, der das in der Perkinsschen Röhre umlaufende Wasser ständig auf der erforderlichen Temperatur hielt.

Der Ofen nach Abb. 107 zeigt die ursprüngliche Idee von Perkins, d. h. eine Umlauf-Heißwasser-Heizung. Das Wasser ist hier der Träger der Hitze. Es läuft beständig innerhalb der Heizröhre um, infolge des Gesetzes, daß kaltes Wasser schwerer ist als heißes. Das heiße Wasser steigt auf; nachdem es seine Hitze abgegeben hat und erkaltet ist, sinkt es durch seine Schwere wieder nach der tiefliegenden Heizstelle, um das Spiel von neuem zu beginnen. So richtig diese Idee von Perkins war, so wenig vermochte er jedoch zuerst in der Bäckerei Fuß zu fassen, da gewisse technische Schwierigkeiten hier zunächst nicht gemeistert werden konnten. Auch eignete sich diese Heizungsart schon wegen ihrer größeren Raumbeanspruchung zunächst wenig für die Bäckereien.

Heute sind in der Trockenofen-Industrie Umlauf-Heißwasser-Heizungen mit großem Erfolg im Betrieb und es mag sein, daß sie späterhin auch in der Bäckerei, wenigstens für den Großbetrieb, wieder Eingang finden. Die gesamte Heizanlage läßt sich in den Kellerräumen unterbringen, so daß im Backraum selbst aller Schmutz und Staub durch Kohle und Asche wegfällt und auch der Feuerungsraum erspart wird.

Der Idee des Erfinders Perkins wurde eine technisch gut durchführbare Gestalt gegeben, als man dazu überging, an Stelle der großen in sich geschlossenen Heizschlange einzelne Heizrohre zu verwenden. Die Hitze wurde hier nicht mehr durch das umlaufende Wasser, sondern durch Wasserdampf übertragen. Man nennt diese Rohre Perkins-Rohre, weil Perkins ihnen als erster den richtigen Durchmesser usw. gab.

Wasserdampf hat bei Atmosphärendruck die Temperatur von 100° C, die mit zunehmendem Druck steigt. Da zur Beheizung des Backofens eine Temperatur von mindestens 300° C notwendig ist, um die zum Ausbacken des Gebäckes notwendige Hitze von 230 bis 250° C zu erreichen, war es nötig, den gesättigten Wasserdampf unter Druck zu setzen, denn nur so ist die Übertragung höherer Hitzegrade durch denselben möglich.

In den Backraum, oder da die modernen Backöfen meist Etagenöfen darstellen, in die Backräume eines Wasserheizungsofens, eines sog. Dampfbackofens, ragen unter der Herdfläche und unter der Decke in geringen Abständen nebeneinandergelagerte, einzelne Röhren hinein. Die Erhitzung jedes Backraumes erfolgt somit durch ein doppeltes System von Röhren, da sowohl unterhalb wie oberhalb der einzelnen Backherde je eine Lage Heizrohre angeordnet ist. Die Heizrohre waren in erster Zeit schmiedeeiserne Rohre, welche durch einen aufschraubbaren Kappenverschluß geschlossen wurden, heute sind es starkwandige Stahlröhren ohne Naht, sogenannte Mannesmannröhren, deren beide Enden zugeschweißt sind.

Der verhältnismäßig enge Hohlraum der Röhren ist zum Teil mit Flüssigkeit gefüllt. Die Röhren gehen im Ofen durch das Schamottemauerwerk hindurch und ragen mit ihrem einen Ende, je nach ihrer Höhenlage, mehr oder weniger weit in die Feuerung

Erklärung der Buchstaben und Ziffern des nachstehenden Bildes

A) Unterer Backraum
- a^1 Backherd
- a^2 Rohrlage für die Unterhitze
- a^3 Rohrlage für die Oberhitze
- a^4 Schwadenplatten
- a^5 Sammelrinne
- a^6 Spritzrohr
- a^7 Decke
- a^8 Schwadenabzug
- a^{11} Wasserzuleitung zum Schwadenapparat
- a^{12} Kondenswasser-Ableitung

B) Oberer Backraum
- b^1 Backherd
- b^2 Rohrlage für die Unterhitze
- b^3 Rohrlage für die Oberhitze
- b^4 Schwadenplatten
- b^5 Sammelrinne
- b^6 Spritzrohr
- b^7 Decke
- b^8 Schwadenabzug
- b^9 Schwadenabzugventil
- b^{10} Schwadenabzugventil-Bedienung
- b^{11} Wasserzuleitung zum Schwadenapparat
- b^{12} Kondenswasser-Ableitung

C) Backraum für Konditoreiwaren
- c^1 Backherd
- c^7 Decke
- c^8 Schwadenabzug

D) Mauerwerk
- d^1 Fundament
- d^2 Isolierungen

E) Warmwasserkessel

F) Rauchkanal

G) Putztüren

H) Feuertüre
- h^1 Aschenfall

I) Schieberschrufte
- i^1 Schwadenklappen
- i^2 Dielenträger

K) Einschießtüren zum Konditorherd

L) Leuchtapparate

M) Pyrometer

N) Fußgrube zur Bedienung des unteren Herdes

O) Rolldeckel zum Abschluß der Fußgrube

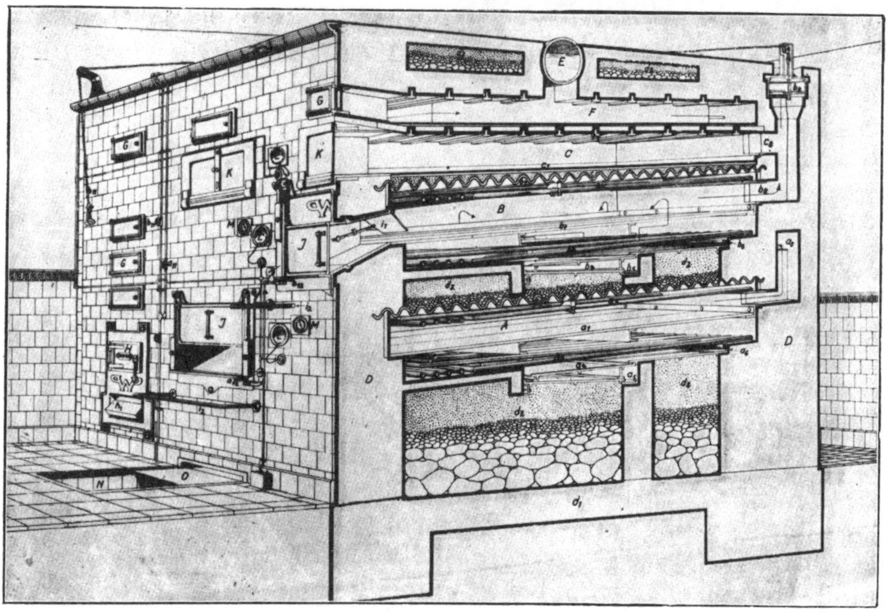

Abb. 108. Schnitt eines Zweideck-Einschieß-Dampf-Backofens „Viennara", System Werner-Pfleiderer, mit zwei Hauptherden, einem zweitürigen Konditorherd und mit Vorderfeuerung.

hinein. Sie sind etwas schräg gegen die Herdflächen nach der Feuerung zu geneigt, so daß durch die hierdurch erreichte Tieflegung der in die Feuerung hineinragende Teil stets mit Wasser gefüllt sein muß.

Das in der Röhre erhitzte Wasser entwickelt zunächst Dampf, der den leeren Teil derselben erfüllt. Dieser Dampf kann aus dem Rohre nicht entweichen und es entsteht durch die ständige Einwirkung des Feuers auf das Endstück in ihm der Druck, der eine Erhitzung des Wasserdampfes bis auf mehrere hundert Grad ermöglicht. Der im Backraum gelagerte Rohrabschnitt gibt die vom Dampf auf ihn übertragene Hitze an den Backraum ab. Hierdurch tritt eine Abkühlung des Rohres ein.

Abb. 109. Vereinfachter Zweideck-Einschieß-Dampfbackofen. Nur der untere Herd hat Röhrenheizung.

Die Temperatur des Dampfes im Rohrinnern sinkt etwas unter Siedetemperatur, die dem augenblicklich im Rohr vorhandenen Überdruck entspricht. Es kommt damit zur Verdichtung des Dampfes zu Wasser. Das zum Röhrenende zurückfließende Wasser wird von neuem verdampft. Die Verdichtung des Dampfes an dem in dem Backraum liegenden Röhrenende schafft Raum für neue Dampfentwicklung. Es tritt daher im Rohre eine ständige Verschiebung des aus dem Wasser entstehenden Dampfes nach vorn und ein Zurückgleiten der sich bildenden Wasserperlchen zum Wasser im Röhrenende ein. Die richtige Bemessung dieser Wassermenge und das Vorhandensein dieser gewissen Menge hat den ständigen Kreislauf des Dampfes im Rohre selbst zur Folge und sie ist die Grundlage des ganzen Systems. Es wird sich der Vorgang der ständigen Verschiebung des entstehenden Dampfes nach vorn und das Zurückfließen der sich bildenden Wassertröpfchen so lange wiederholen, bis der Backraum die gewünschte Temperatur erlangt hat und eine weitere Abgabe von Hitze durch die Röhren an die äußere Umgebung nicht mehr in dem Maße wie bei dem Anheizen verlangt wird.

Durch die zur Beheizung des Backofens erforderliche hohe Temperatur von mindestens 300 ° C entsteht, wie wir gesehen haben, ein starker Druck. Es muß nun die Sorge des Backofenbauers sein, den Ofen so zu bauen, daß ein Überheizen der Rohre bzw. ein Überschreiten der kritischen Temperatur des Wassers unter normalen Verhältnissen nicht eintreten kann.

Als kritische Temperatur bezeichnet die Wissenschaft diejenige Temperaturgrenze, oberhalb welcher ein bei normaler Temperatur flüssiger Stoff nicht mehr — auch unter keinem noch so hohen

Abb. 110. Zweideck-Einschieß-Dampfbackofen mit Konditorherd, im Vordergrund „Viennara"-Knetmaschine.

Drucke — als Flüssigkeit existieren kann. Diese Temperatur wird für Wasser etwa bei 374 ° C erreicht. Hat nun einerseits der Backofenbauer den Dampfbackofen richtig konstruiert, bzw. die Abmessungen der Rohre so gewählt und eingebaut, daß die richtige Backtemperatur weit unter der kritischen Temperatur des Wassers erreicht werden kann, so hat andererseits der Bäcker den Ofen, bzw. die Feuerung stets gut instand zu halten. Es ist vor allem auch darauf zu achten, daß auf das Heizen die richtige Sorgfalt verwendet wird, einerseits schon um jeden unnützen Brennstoffverbrauch zu vermeiden, andererseits um den Ofen und damit auch den Bäcker vor Schaden zu bewahren.

Eine gewissenhafte Backofenbaufirma wird infolge der erheblichen Druckbeanspruchung, der die Heizrohre ausgesetzt sind, schon im

Interesse ihres guten Rufes auf den Bezug nur erstklassigen Rohrmaterials sehen. Außerdem werden aber seitens der Backofenfirmen die Heizrohre auf Druck geprüft. In dem Jahresbericht 1920 der technischen Aufsichtsbeamten der Nahrungsmittelindustrie-Berufsgenossenschaft waren hierüber interessante Aufgaben zu finden. Die Berufsgenossenschaft hatte im Berichtsjahr einige entschädigungspflichtige Unfälle durch Explosion von Backofenheizrohren zu verzeichnen. Die technischen Aufsichtsbeamten sind deshalb der

Abb. 111. Große Weißbäckerei mit 3 Zweideck-Einschieß-Dampfbacköfen und Dunstabzügen.

Ursache der Explosion nachgegangen und haben dabei festgestellt, daß in den Explosionsfällen fast ausschließlich minderwertiges Rohrmaterial verwendet wurde. Anscheinend seien alte Heizrohre benützt und noch dazu unsachgemäß behandelt worden.

Dem Verfasser wurde von sachkundiger Seite mitgeteilt, daß die von bewährten Firmen des Backofenbaues verwendeten Heizrohre auf 800 Atm. abgedrückt werden. Untersuchungen in den Materialprüfungsanstalten hätten gezeigt, daß diese Rohre normal einen Druck von 1500 bis zu 1600 Atm., ja sogar bis zu 2000 und mehr Atm. aushalten. Es ist also für den Normalbetrieb eines guten Dampfbackofens reichliche Sicherung gegen Explosionsgefahr gegeben, sofern die Öfen im Betrieb auch nur einigermaßen sachgemäß behandelt, d. h. richtig beheizt werden.

Die Übertragung der in der Feuerungsanlage erzeugten Wärme mittels der Heizrohre bzw. des in ihnen erzeugten Wasserdampfes auf den Backraum ist überall gleichmäßig, schnell und auch billig. Vor allen Dingen erfordert das Aufheizen der Herde zwischen zwei Backperioden nur die geringe Zeit von ungefähr 15—25 Minuten.

Die Einhaltung einer hohen gleichmäßigen Temperatur im Ofen ist durch Regulierung der Züge der Feuerungsanlage so vereinfacht, daß jeder Heizer ohne weiteres das Beschicken der Feuerung übernehmen kann, ist diese doch ganz ähnlich der jeder anderen Kesselfeuerungsanlage und vom Backraume völlig unabhängig. Im allgemeinen wird man auf dem Roste der Feuerung das Material zur Verbrennung bringen, das am leichtesten und am billigsten zu beschaffen ist. Der im Krieg und in der Nachkriegszeit teilweise herrschende Kohlenmangel hatte zur Verwendung der verschiedensten Brennstoffe geführt. Namentlich hat man der Verfeuerung minderwertiger Brennstoffe, wie Rohbraunkohle, Staubkohle u. dgl. besonderes Augenmerk geschenkt und durch Verwendung von Spezialfeuerungen sehr gute Ergebnisse erzielt. Es ist der Technik gelungen, nicht nur Steinkohlen- und Braunkohlenbriketts, sondern auch alle minderwertigen Brennstoffe, wie Rohbraunkohle, Staubkohle, Brikettstaub, Torf usw. in sog. Spar-Feuerungen wirtschaftlich, d. h. unter fast restloser Ausnützung ihrer Heizkraft, zu verbrennen.

g) Gas

Die Bäckereien liegen ihrem volkswirtschaftlichen Charakter entsprechend meist mitten in der Stadt. Da jede Großstadt sowieso unter der Rauchentwicklung industrieller Unternehmungen zu leiden hat, ist das Bestreben zu begrüßen, die Rauchentwicklung der Backöfen durch Einführung rauchschwacher Feuerungen möglichst weit einzuschränken. Zu solchen Feuerungen, die natürlich mit dem einmal so weit vorgeschrittenen System des eigentlichen Ofens nicht mehr in unmittelbarem Zusammenhange stehen, gehört die Koksgeneratorfeuerung zur Erzeugung von Wassermischgas.

Eine solche Anlage zeigt die nachstehende Abbildung 112. Die Arbeitsweise der Feuerung ist folgende:

Nachdem auf dem Rost das Feuer entzündet ist, wird der Koks etwa $^3/_4$ m hoch eingeschüttet. Unter dem Rost befindet sich ein

Wasserkasten, der mit einem Deckel abgedeckt ist. Durch diesen tritt die Primärluft (Unterluft). Aus dieser mit Wasserdampf gesättigten Primärluft entsteht bei dem Durchstreichen durch den glühenden Koks Kohlenoxyd bzw. aus dem Wasserdampf Wassermischgas. Dieses Gasgemisch wird mittels Sekundärluft (Überluft), die bei L in die Feuerung eintritt, über der glühenden Koksschicht mit langer Flamme zu Kohlensäure und Wasserdampf verbrannt, wobei die Hitze sich den in die Feuerung hineinragenden Röhren mitteilt. Die Wassermischgas-Feuerung ist vollkommen rauchlos, da nur Produkte einer vollkommenen Verbrennung entweichen. Es hat sich aber in der Praxis gezeigt, daß der Brennmaterialverbrauch

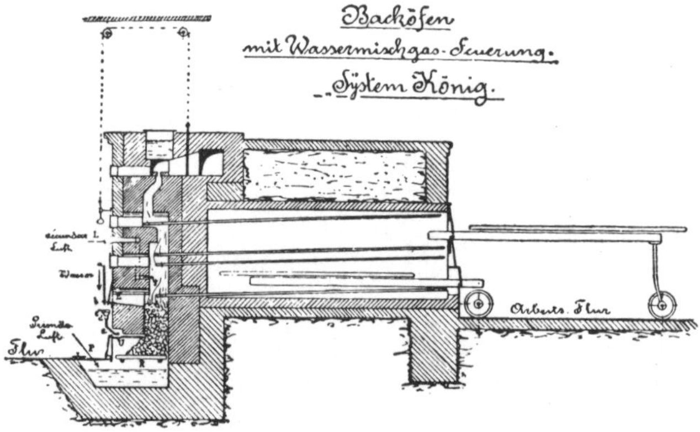

Abb. 112.

ein ganz erheblich höherer ist als bei einem gut konstruierten Dampfbackofen mit Planrostfeuerung.

Man ist nun verschiedene Wege gegangen, um die Backöfen mittels Gas zu beheizen, da dieses, wenn es gereinigt ist, bei seiner Verbrennung nur Kohlensäure und Wasserdampf entstehen läßt, so daß keinerlei Rauchentwicklung stattfinden kann. Die Verbrennung erfolgt mit hohem thermischem Wirkungsgrad. Man spart auch zudem all die Arbeiten, wie Heranschaffen und Aufbewahren des Feuerungsmaterials, Wegschaffen der Asche, Schlacke, Kohlenlager, sowie auch das Betriebskapital für die Brennstoffe selbst. Diese ideale Heizungsart ließ sich aber deshalb nicht allgemein einführen, weil die Kosten der Gasfeuerung schon wegen der hohen Gaspreise, ein Mehrfaches der Ausgaben für Steinkohlen, Braunkohlenbriketts und dergl. betrugen.

Bei einer indirekten Gasheizung, wie sie die nebenstehende Abbildung 113 zeigt, ist der Wirkungsgrad ein verhältnismäßig schlechter, wodurch die Kosten der Gasfeuerung sehr hoch werden. Hier wird nur der untere Backraum (B) erhitzt, während der obere (A) sich durch die abziehenden Gase erwärmt.

Die Beheizung der unteren Backplatte, die aus 3cm starken Schamotteplatten besteht, erfolgt mittels erleuchteter Bunsenflammen, die auf fünf unterhalb der Backplatte verlaufende Brennerrohre (c) verteilt sind. Seitlich der Backplatte sind zwei Dampfentwickler eingebaut, die durch je ein besonderes Brennerrohr (d) unmittelbar beheizt werden. Die Heizgase ziehen, nachdem sie die untere Backplatte erwärmt haben, durch seitlich der Dampfentwickler angeordnete Öffnungen in den unteren Backraum und treten durch einen, in der oberen Mitte der Decke angebrachten, mittels eines Schiebers verschließbaren Schlitz unter die obere Backplatte. Diese ist ebenfalls aus Schamottetafeln hergestellt. Seitlich der Backplatte befinden sich zwischen dieser und der Ofenwandung Öffnungen, durch welche die Heizgase nun hindurchtreten, über der oberen Backplatte hinstreichen und durch einen in der Mitte der Decke angebrachten Längsschieber in einen Zwischenraum und sodann in den Abzugskanal (e) entweichen. Um letzteren ist ein Wassergefäß (f) angeordnet, worin das im Betrieb benötigte Wasser durch die Abgase erwärmt wird. Es ist also Sorge getragen, daß die Heizgase möglichst ausgenutzt werden. Beim Entweichen besitzen sie 120 bis 130 °C. Der untere Backraum ist auf etwa 260 bis 300 °C zu erwärmen, während der obere eine um etwa 50 °C niedrigere Temperatur aufweist. Den ganzen Ofen umkleidet zur besseren Wärmeisolierung eine 12 bis 12,5 cm starke Wärmeschutzmasse. Die Brote kommen zunächst auf die untere Platte, verbleiben hier 20 Minuten und werden dann nach oben geschoben, wo sie bis zum Schluß der Backperiode verbleiben.

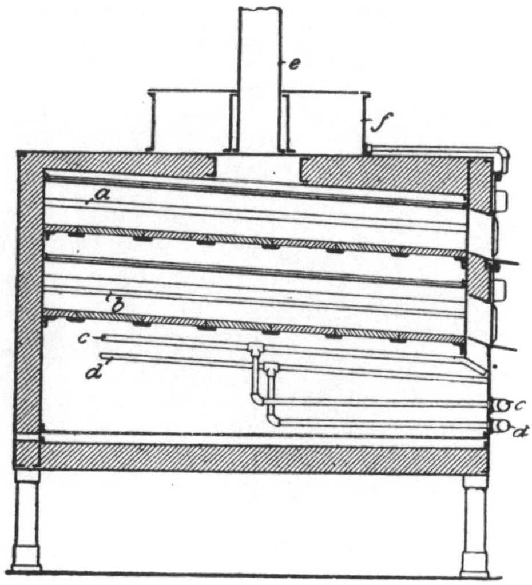

Abb. 113. Gasbackofen mit indirekter Heizung.

Unterdessen wird der untere Backofen wieder mit frischen Broten beschickt.

Bisher wurden Gasbacköfen so gut wie ausschließlich nur für Konditorwaren verwendet, bei denen die Betriebskosten des Ofens nicht so sehr ins Gewicht fallen wie bei Brot und Kleingebäck. Neuerdings haben nun die Berliner Städtischen Gaswerke A.-G. monatelang Versuche mit gasbeheizten Backöfen und zwar mit direkter Gasheizung zum Erbacken von Brot gemacht, die einwandfrei gezeigt haben, daß nun auch dieses Problem seine Lösung gefunden hat. Es handelt sich hier um die direkte Be-

Abb. 114. Backofenanlage mit 2 Zweideck-Auszug-Dampfbacköfen „Telescocar" für direkte Gasheizung.

heizung von Auszugbacköfen, bei denen also der Backraum selbst durch Gas erhitzt wird. Dies ist ein wichtiger technischer Fortschritt. Wollte man die Heizrohre des Dampfbackofens durch Gas erhitzen, was an sich keine Schwierigkeiten bietet, so hätte man einmal die ganz erheblichen Auslagen für die teuren Heizrohre und das andere Mal den geringeren Wirkungsgrad der indirekten Beheizung. Unsere Abbildung 114 zeigt die Ofenanlage in der Bäckerei des Arbeitshauses in Berlin-Rummelsburg, von der viele städtische Krankenhäuser und andere Anstalten mit Backwaren versorgt werden. Wie wir Berichten in der Fachpresse entnehmen, erstellte die Firma Werner & Pfleiderer die beiden Doppelauszugöfen. Die Anlage wurde nach einiger Zeit von Führern des Großberliner

Bäckergewerbes besichtigt, die sich sehr anerkennend über diese Backofenkonstruktion ausgesprochen haben.

Die beiden Doppelauszugöfen haben unter jedem Herd fünf Reihen von vorne nach hinten laufender Brenner, die elektrisch entzündet werden. Der Ofen ist nach $^3/_4$stündiger Brennzeit backfähig; die gebackenen Brote sowie die Weißware sind einwandfrei im Aussehen und Geschmack. Die Backzeit ist die gleiche wie in einem Kohlenofen modernsten Systems. Die kurze Zeit, während der diese Öfen in Betrieb sind, läßt noch keine genaue Rentabilitätsberechnung zu, doch sollen die Betriebskosten bei dem jetzigen Gaspreis sich günstiger stellen als die früher an derselben Stelle befindlichen Kohlenöfen. Die städtischen Gaswerke A.-G beabsichtigen nun, für die Abnehmer von Gas zu gewerblichen Zwecken einen besonders günstigen Gaspreis zu gewähren und auch den Bau von Gasbacköfen finanziell zu unterstützen.

Bedenkt man, daß jetzt für die Lagerung der Heizmittel Vorauszahlung und oftmals für umständlichsten Transport zur Feuerung Barmittel und bezahlte Arbeitskräfte notwendig sind, so gestaltet sich das Bild gemeinsam mit dem Vorerwähnten sehr zugunsten dieser neuen technischen Errungenschaft.

Nicht von der Hand zu weisen sind die Vorteile auf hygienischem und volkswirtschaftlichem Gebiet. In der Backstube selbst ist natürlich durch den Fortfall der Kohle ein Ideal an Sauberkeit geschaffen, das nicht nur den Fachmann, sondern speziell die betriebsfremden Personen erfreuen muß. Für die Allgemeinheit würde die Rauch- und Rußplage, besonders in den Großstädten, wesentlich abnehmen, wenn beispielsweise sämtliche Berliner Bäckereien Gasbacköfen hätten, so daß 4000 Rauchstätten in Fortfall kämen. Vom volkswirtschaftlichen Standpunkt aus ist die Verwertung der Kohlen an einer Zentralstelle, hier der Gasanstalt, natürlich bedeutend rentabler und intensiver und deshalb nur zu unterstützen. Da gerade für unser verarmtes Vaterland Sparen ein äußerst beachtlicher Faktor ist, und unsere Kohlenvorräte einen ganz bedeutenden Wertfaktor darstellen, sollte dieses Moment bei der Neuanschaffung von Öfen nicht außer acht gelassen werden.

Man kann heute zusammenfassend sagen, daß die Vorteile von direkt mit Gas beheizten Auszugöfen sind:

Größere Leistungsfähigkeit gegenüber kohlebeheizten Öfen, infolge rascher Einstellung der erforderlichen Backtemperatur.

Rasches Aufheizen.

Außerordentlich einfache, sichere Bedienung.
Jederzeitige Regulierbarkeit der Ober- und Unterhitze.
Gleichmäßige Wärmeverteilung.
Bedeutende Raumersparnis.

Die Grundfläche eines Doppelauszugdampfbackofens mit 10,5 qm Gesamtbackfläche beträgt bei Kohlenheizung 29 qm, bei Gasheizung 21,85 qm. Dabei ist für den Kohlenofen eine Höhe von 2,5 m erforderlich, während der gasbeheizte Ofen nur eine Höhe von 2 m braucht.

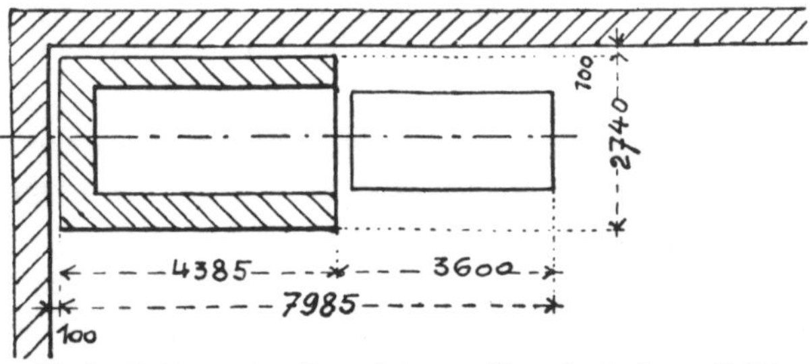

Abb. 115. Grundfläche 21,85 qm eines Doppel-Auszug-Dampfbackofens mit 10,5 qm Gesamtbackfläche für direkte Gasheizung.

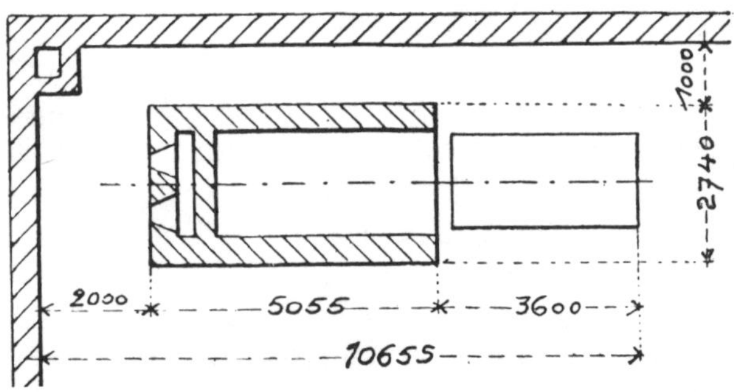

Abb. 116. Grundfläche 29 qm eines Doppel-Auszug-Dampfbackofens mit 10,5 qm Gesamtbackfläche für Kohlenheizung.

Arbeitsersparnis.
Wegfall von Brennmaterialienlagern.
Verminderte allgemeine Betriebskosten.
Vollkommene Reinlichkeit und Hygiene.

Die nachstehenden Abbildungen 115 und 116 zeigen durch die schematische Darstellung die erheblichen Raumersparnisse bei gasbeheizten Auszugöfen deutlich.

Für den Einschießofen hat sich, wie wir im nächsten Abschnitt sehen werden, die elektrische Heizung als eine das Ideal vollkommener Backofenheizung ziemlich erfüllende erwiesen.

h) Elektrischer Ofen

Die rastlose Weiterentwicklung des Backofenbaues hatte bis in die jüngste Zeit in dem Ausbau der verschiedenen Backofensysteme ihren Ausdruck gefunden. Die Technik hatte einen weiteren Fortschritt zu verzeichnen durch die Verwertung von Elektrizität als Heizquelle für den Backofen. Die Vorzüge der Verwendung des elektrischen Stromes zur Beheizung von Backöfen liegen offen zutage und sind verschiedenster Art.

Die große Reinlichkeit und bequeme Beheizung eines elektrisch betriebenen Backofens, die bedeutende Raumersparnis, die sich durch den Fortfall der Kohlenfeuerung, des Kohlenraums und des Schornsteins ergab, ferner die Vereinfachung der Bedienung hatten zunächst die Kriegs- und Handelsmarine nach Durchführung zufriedenstellender Versuche veranlaßt, elektrisch beheizte Öfen in ihre Schiffe einzubauen.

Abb. 117. Einherdiger transportabler elektrischer Backofen mit Gärraum für Backversuche.

Diese transportablen Einschießöfen haben sich auch in Landbäckereien sehr gut eingeführt; sie eignen sich besonders für Pachtbäckereien oder für Betriebe in engen, kleinen Räumen, da sie wenig Platz beanspruchen und dabei sehr leistungsfähig sind.

Man kann sämtliche Brotsorten sowie alle Kleingebäcke in solchen Öfen backen, die sich wegen ihrer flachen Herde auch sehr gut für Konditorzwecke eignen. Die kleinste Größe findet in Mühlenlaboratorien und dergl. Verwendung für Backversuche.

Verschiedene Firmen haben sich der Konstruktion und dem Bau elektrischer Öfen gewidmet. Im wesentlichen bestehen die Heizelemente derartiger Öfen aus Heizkörperanordnungen, die aus den bekannten Widerstandsdrähten hergestellt sind. Am vorteilhaftesten für die Erzielung einer gleichmäßigen Backtemperatur ist die Anordnung der Heizkörper im Backraume selbst, so daß die durch sie erzeugte Wärme unmittelbar auf die Backware strahlt. Die

Regulierung der notwendig eine größere Anzahl von Heizkörpern erfordernden Backtemperatur ist verhältnismäßig einfach zu erreichen.

Die Einrichtung der Ofen ist im allgemeinen dieselbe wie bei den üblichen Dampfbacköfen. Die Ofen sind gewöhnlich mit mehreren Herden ausgeführt, welche voneinander vollkommen unabhängig sind, so daß gleichzeitig verschiedene Sorten von Gebäcken hergestellt werden können. Beim einzelnen Herd kann nicht nur die zugeführte Wärmemenge und Temperatur an und für sich geregelt werden, sondern auch Ober- und Unterhitze sind vollkommen unabhängig voneinander einzustellen.

Abb. 118. Konditorei-Backraum auf dem Schnelldampfer „Columbus".

Im Äußeren unterscheidet sich der elektrisch beheizte Backofen bei gleich breiten Herden im wesentlichen durch eine schmälere Front von dem Dampfbackofen sowie besonders durch die Schalttafel, die entweder am Ofen selbst oder an der Wand angebracht ist, außerdem durch die Rahmen, die die Heizelemente nach außen abschließen.

Herdhöhe und Herdsteigung können nach Wunsch ausgeführt werden, ebenso lassen sich die Einschießtüren versetzt anordnen.

Derartige Ofen sind besonders in Tirol, in der Schweiz und in Skandinavien gebaut worden, in welchen Ländern infolge der großen vorhandenen bzw. ausgebauten Wasserkräfte der elektrische Strom

Abb. 119. Backraum auf Schnelldampfer „Columbus“ mit 3 zweiherdigen elektrischen Backöfen.

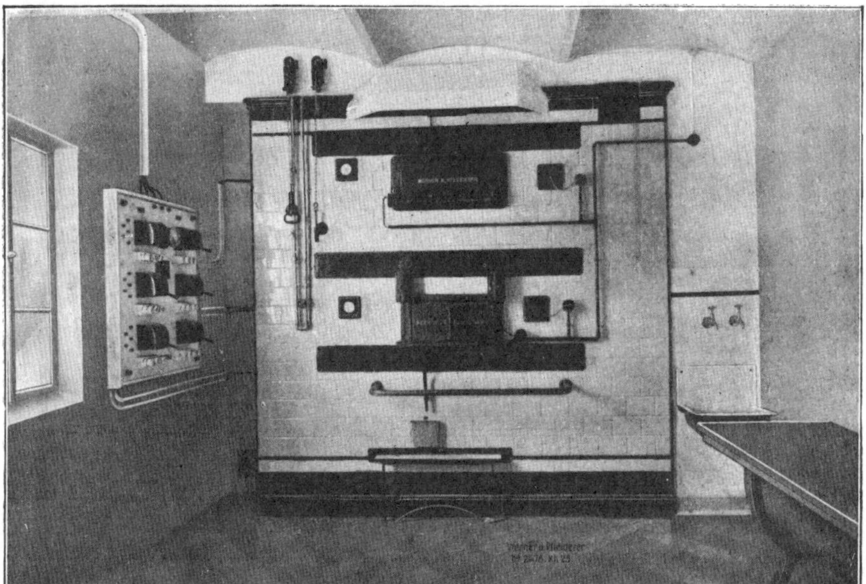

Abb. 120. Elektrischer Wärmespeicher-Backofen mit einem Backherd und einem Konditorherd.

billig zur Verfügung stand. (Aber auch in den verschiedensten Gegenden Deutschlands, in denen man über billigen elektrischen Strom verfügt, hat sich der elektrisch geheizte Ofen bereits eingeführt.)

Man kann auch Kohlen- und elektrische Heizung verbinden und Öfen bauen, die wechselweise mit Kohlen oder durch elektrischen Strom geheizt werden. Diese Einrichtung kann man als Vorsichtsmaßregel treffen, obgleich bei den schon seit vielen Jahren bestehenden elektrischen Öfen die Stromlieferung nie unterbrochen war.

Dem Ideal, die zugeführte Wärmemenge mit dem höchstmöglichen thermischen Wirkungsgrad auszunützen, kommt der elektrisch beheizte Backofen am nächsten.

Die Rentabilität eines elektrischen Ofens hängt natürlich von den Strompreisen ab und es darf zweifellos damit gerechnet werden, daß die Bäckereien von den Elektrizitätswerken günstigere Bedingungen bei größerem Bezug elektrischen Stromes erhalten werden. Dies dürfte die weitere Einführung elektrischer Öfen in die Bäckereien wesentlich fördern.

Die Gesamtleistung der Öfen richtet sich nach der verlangten Backleistung. Beim Vergleich des elektrischen Backens in wirtschaftlicher Beziehung muß berücksichtigt werden, daß die Unterhaltungskosten der elektrischen Öfen ebenso wie ihre Bedienungskosten wesentlich niedriger sind als die aller anderen Systeme. Die Aufmerksamkeit des bedienenden Arbeiters spielt natürlich auch eine gewisse Rolle und es kann, wenn die Backtemperatur des elektrischen Ofens erreicht ist oder der Backprozeß sich seinem Ende zuneigt, durch entsprechendes Ausschalten des elektrischen Stromes bedeutend an Strom gespart werden.

Nun sind natürlich heute, gegenüber der Vorkriegszeit, die Strompreise außerordentlich gestiegen. Auch kann infolge des Wegfalls der Nachtarbeit der billige Nachtstrom nicht mehr unmittelbar benützt werden. Die Technik ist deshalb dazu übergegangen, elektrische Backöfen mit einem besonderen Wärmespeicher zu bauen. Diesem wird nachts Strom zugeführt, der bei den meisten mit Wasserkraft arbeitenden Elektrizitätswerken reichlich zur Verfügung steht und von anderen Werken allenfalls billiger abgegeben werden kann, weil die Entnahme in die Zeit geringster Belastung fällt. Der Wärmespeicher nimmt nachts Hitze in einem solchen Maße auf, daß er den Tagesbedarf des Backofens an Wärme decken kann.

Genaue Angaben über die Kosten der elektrischen Heizung lassen sich bei der großen Verschiedenheit der Fälle nicht machen; es kommt auf die Größe bzw. die Ausnützung des Ofens, die Art und Menge der Gebäcksorten, die örtlichen Kosten des elektrischen Stromes im Vergleich zu den sonst zur Verfügung stehenden Brennstoffen usw. an. Allgemein kann gesagt werden, daß bei Annahme mittlerer Verhältnisse und einem KW-Stundenpreis, der dem Wert von 0,5—0,8 kg guter Steinkohle entspricht, die elektrische Backofenheizung als wirtschaftlich gewählt werden kann. Wenn bei einem solchen Preisverhältnis die Kosten des elektrischen Betriebs sich auch höher stellen als bei Backofenheizung durch Steinkohle

Abb. 121. Elektrischer Wärmespeicher-Backofen mit zwei Backherden, Einschießtüren versetzt, System Werner-Pfleiderer.

oder Braunkohlenbriketts, so wird der Bäcker in Anbetracht der vorerwähnten allgemeinen Vorzüge und Bequemlichkeiten, die ihm die elektrische Heizung bietet, sich doch gerne für diese entscheiden.

Zwei Punkte sind für den Bäcker, der die Wettbewerbsfähigkeit seines Betriebes steigern will, noch besonders wichtig. Zunächst sichert die geradezu ideale Reinlichkeit und Sauberkeit, die beim elektrischen Backofen möglich ist, einem derartig modern eingerichteten Betrieb bei einer anspruchsvollen Kundschaft einen guten Vorsprung im Wettbewerb. Dazu kommt noch der Wunsch der Abnehmer nach möglichst frühzeitiger Lieferung von frischem Gebäck. Dies recht bald fertig zu stellen, ist heute infolge der gesetzlichen Bestimmungen über den Arbeitsbeginn in Bäckereien kaum möglich.

Der elektrische Backofen mit Wärmespeicher ist aber sofort bei Arbeitsbeginn backbereit, weil die Zeit für das An- und Aufheizen des Backofens bei ihm wegfällt. Die frische Backware kann also früher zum Verkauf gebracht werden und dadurch läßt sich ein größerer Umsatz erzielen.

Faßt man die Vorzüge des elektrischen Backens noch einmal kurz zusammen, so ergeben sich u. a. folgende Vorteile:

Die elektrische Backofenbeheizung bringt vor allem vollendete Reinlichkeit und Sauberkeit. Es gibt keinen Rauch, keinen Ruß,

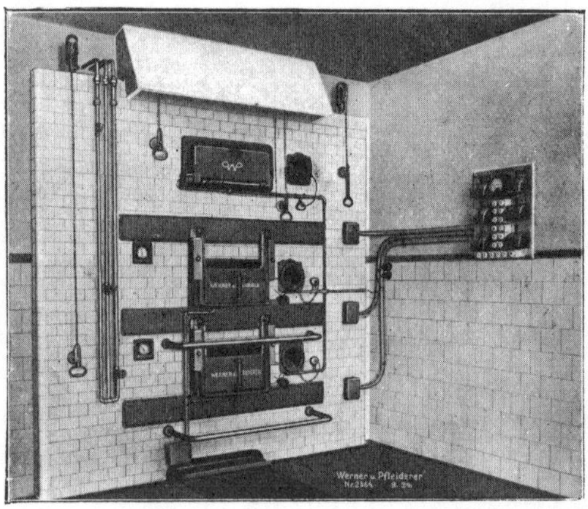

Abb. 122. Elektrischer Wärmespeicher-Backofen mit zwei Backherden und einem Ausbackherd.

keinen Kohlenstaub und keine Asche mehr. Die peinliche Sauberkeit des Betriebes wirkt durch den günstigen Eindruck auf die Kundschaft umsatzsteigernd.

Auch in engen Räumen läßt sich ein elektrischer Backofen immer noch aufstellen, da Feuerungsraum, besonderer Kamin und Kohlenlager wegfallen. Die ganze Raumhöhe läßt sich auch bei Holzgebälk der Decke voll ausnützen.

Alle für die Heranschaffung des Brennstoffes, wie auch für das Fortschaffen von Asche, Schlacke usw. notwendigen Arbeiten fallen weg, das Aufheizen und die Bedienung sind äußerst einfach und erfordern wenig Zeit. Durch den Wegfall des Kohlenlagers wird auch das darin festgelegte Betriebskapital frei.

Die Wärmeverteilung ist durchaus gleichmäßig, auch kann Ober- und Unterhitze für jeden Herd beliebig eingestellt, das heißt nach Belieben gesteigert oder abgeschwächt werden. Die Wärmemengen werden mit dem höchstmöglichen Wirkungsgrad ausgenützt.

Die elektrisch beheizten Backöfen lassen sich für alle Gebäcke und jede Brotsorte verwenden.

Der Stromverbrauch kann jederzeit genau überwacht werden. Die Übersicht über den ganzen Backbetrieb gestaltet sich sehr

Abb. 123. Elektrisch geheizter Zweideck-Einschieß-Konditor-Backofen.

einfach und bequem. Feuerpolizeiliche Vorschriften sind nicht zu beachten. Die Abnützung des Ofens ist eine außerordentlich geringe, die Heizelemente sind bei Verwendung richtigen Materials überhaupt keinem Verschleiß unterworfen.

Besonders zu erwähnen wäre, daß elektrische Backöfen ohne Gefahr zu bedienen sind. Es braucht lediglich bei der Aufstellung auf eine gute Erdung aller Teile Bedacht genommen zu werden.

Alles in allem bietet der elektrische Ofen eine Reihe Vorzüge, die auch bei bisweilen etwas höheren Betriebskosten seine Anschaffung durchaus empfehlenswert erscheinen lassen.

Abb. 124. Zweideck-Einschieß-Dampfbackofen mit Konditorherd, im Hintergrund rechts „Viennara“-Knetmaschine mit darüber gebauter Mehl-Sieb-Maschine.

Abb. 125. Konditoreianlage mit Knet- und Schlagmaschinen nebst einem Dreideck-Einschieß-Konditor-Dampfbackofen.

Allgemeines

Entsprechend der Entwicklung der gesamten technischen Industrie ist die ganze innere Bauart eines Backofens unserer Zeit eine bedeutend kompliziertere, aber auch äußerst praktische geworden. Die Herddecken bestehen aus starkem Eisenwellblech, auf dem eine Isolationsmasse ruht. Unter dem Wellblech lagern auf eisernen Trägern die die Oberhitze gebenden Heizrohre, welche je nach der seitlich oder rückwärts gelegenen Heizung des Ofens rechtwinklig gebogen bzw. gerade sind. Ein Viertelmeter tiefer liegt die Herdplatte, aus 2—4 m langen, auswechselbaren einzelnen Eisenbetondielen bestehend. Unter der Herdfläche folgen in geringem Abstand neue Röhren usw.

Es würde zu weit führen, die Entwicklung aller der Nebeneinrichtungen des Backofens hier zu beschreiben. Es sei nur hingewiesen auf die allmähliche Ablösung

des die Beleuchtung liefernden kienreichen Holzspans durch die Öllampe, die Petroleumlampe, den Gas-Schwalbenschwanz-Brenner, das Gasglühlicht und die elektrische Glühbirne;

des zur Wrasenerzeugung im Ofen benutzten nassen Sackes durch die Wrasenplatten mit Spritzröhren, Wasserzuleitung vom Warmwasserkessel und Sammelüberlaufrinne;

des primitiven Blechschiebers durch das Kastenventil;

des klobigen Holzmundlochbrettes durch die Schiebeschruft, Kettenschruft und selbsttätige Klapptüre mit Gegengewichten;

der Wärmefeststellung des Backraumes durch Hineinhalten der Hand oder durch das Aufwerfen von Mehl auf die Herdplatte durch das Pyrometer;

des Schlagschiebers durch den Brötchenaufsetzapparat beim Auszugofen oder der Vorrichtung zur selbsttätigen Beschickung und Entleerung der Öfen.

Des weiteren wäre noch zu erwähnen, daß jede Ofenart dem besonderen Verwendungszweck angepaßt wird. Seit die Bäcker auch mehr und mehr zur Herstellung von Feingebäck und Konditoreiware übergegangen sind, wurde ein K o n d i t o r h e r d über den beiden Backherden eingebaut.

Auf diese Weise konnten die Feuerungsabgase noch besser ausgenützt werden, indem man sie in Kanälen als Oberzüge um den Konditorherd führte. Die Unterhitze enthält der Konditorherd durch die oberen Heizrohre des zweiten Backherdes. Diese Konditorherde

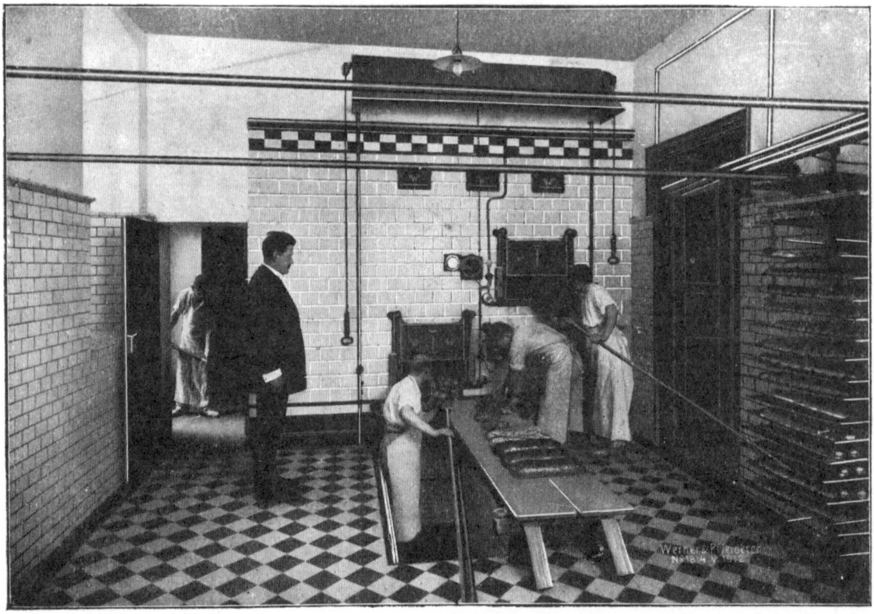

Abb. 126. Großer Zweideck-Einschieß-Dampfbackofen mit versetzten Schruften.

Abb. 127. Rückansicht des obigen Zweideck-Einschieß-Dampfbackofens mit Konditorherd.

können von vorne, von der Seite oder von hinten bedient werden, im letzteren Falle ist es möglich, wie die Abb. 127 auf Seite 148 zeigt, den Konditoreiraum vom Backraum völlig zu trennen.

Abb. 128. Dreideck-Zwieback-Röstofen und Dreideck-Einschieß-Konditorofen mit Dampfheizung.

Für Bäckereien, die sehr viel Konditoreiware herstellen, und für Konditoreien werden besondere Konditor-Backöfen in den verschiedensten Ausführungen gebaut, die in der Regel den Einschießöfen entsprechen und wie diese in ihren neuzeitlichen Formen auch mit Perkins-Rohren laut vorstehender Abbildung 128 oder elektrisch (siehe Abb. 123, S. 145) beheizt werden.

IX.

Jetztzeit

a) Auszugöfen

Die immer mehr dem Zug der Zeit folgende fabrikmäßige Herstellung des Brotes führte zum Bau des Patent-Auszug-Dampfbackofens. Das Wesentliche der Neuerung des Ofens drückt sich in dem

Abb. 129. Zweideck-Auszug-Dampfbacköfen in einer Großbäckerei.

Wort „Auszug" aus. Die Herdplatte besteht aus einer dicken, auf Stahlkugeln und Rädern laufenden Eisenplatte, die aus dem Backraum herausfahrbar ist. Das Fahrgestell, auf dem die bewegliche Herdplatte ruht, läuft mit den Nabenrädern in Schienen, die vor dem Ofen im Fußboden der Backstube verlegt sind. Die Beschickung einer solchen ausgefahrenen Backplatte bedarf nicht der nur durch jahrelange Übung erreichbaren Geschicklichkeit eines „Schießers", sondern der aus- und einfahrbare Herd kann auch durch Hilfs-

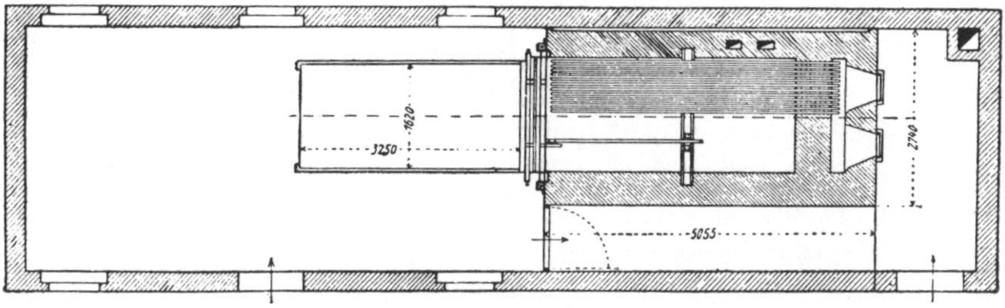

Abb. 130. Grundrißschnitt durch einen Zweideck-Auszug-Dampfbackofen.

Erklärung der Buchstaben und Ziffern der nachstehenden Abb. 131

A. Unterer Backraum
- a^1 Backherd
- a^2 Rohrlage für die Unterhitze
- a^3 Rohrlage für die Oberhitze
- a^4 Schwadenplatten
- a^5 Sammelrinne
- a^6 Wellblechdecke
- a^7 Schwadenabzug

B. Oberer Backraum
- b^1 Backherd
- b^2 Rohrlage für die Unterhitze
- b^3 Rohrlage für die Oberhitze
- b^4 Schwadenplatten
- b^5 Sammelrinne
- b^6 Wellblechdecke
- b^7 Schwadenabzug
- b^8 Schwadenabzugventil-Bedienung

C. Mauerwerk
- c^1 Fundament
- c^2 Isolierungen

D. Warmwasserkessel

E. Rauchkanal
- e^1 Rauchschieber

F. Putztüren

G. Feuertüre
- g^1 Aschenfall

H. Schiebetüren
- h^1 Isolierung

I. Pyrometer

K. Stelluhren

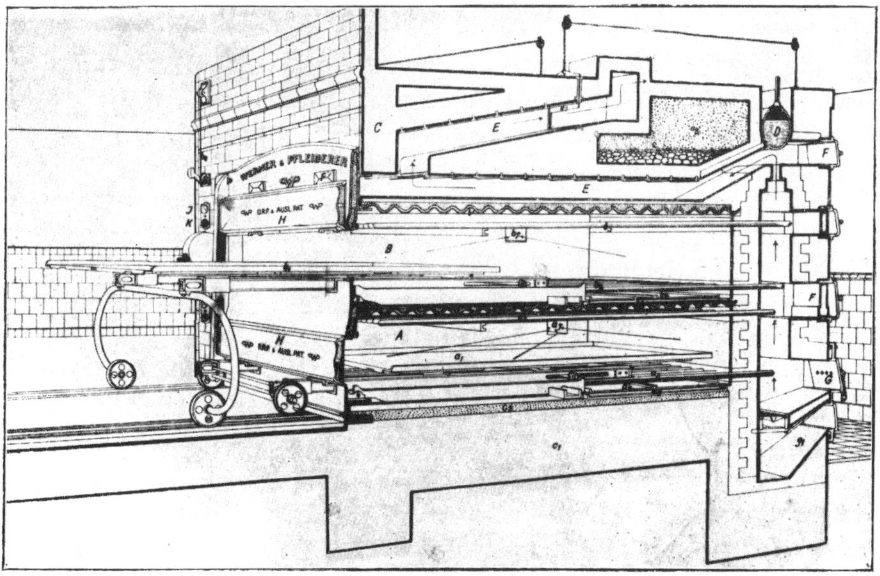

Abb. 131. Schnitt eines Zweideck-Auszug-Dampfbackofens „Telescocar“, System Werner-Pfleiderer, mit zwei ausfahrbaren Backherden und Hinterfeuerung.

arbeiter mit den Brotlaiben belegt und mit seiner Last in den Backraum geschoben werden. Das Belegen der Platte bedingt schon dadurch eine bedeutend kürzere Zeit als das Beschicken eines Einschießofens, da es von mehreren Leuten von beiden Seiten der Auszugplatte her verrichtet werden kann. In den großen Brotfabriken und Konsumbäckereien, denen es darauf ankommt, große Mengen gleicher Brote in kürzester Zeit herzustellen, haben daher die Auszugöfen sehr schnell Eingang gefunden. Sie werden in der Hauptsache für Erbackung großer Brote verwendet, während für Kleingebäck der Einschießofen vorgezogen wird. Die Abb. 120 und 129 lassen die Einrichtung ohne weitere Beschreibung wohl erkennen.

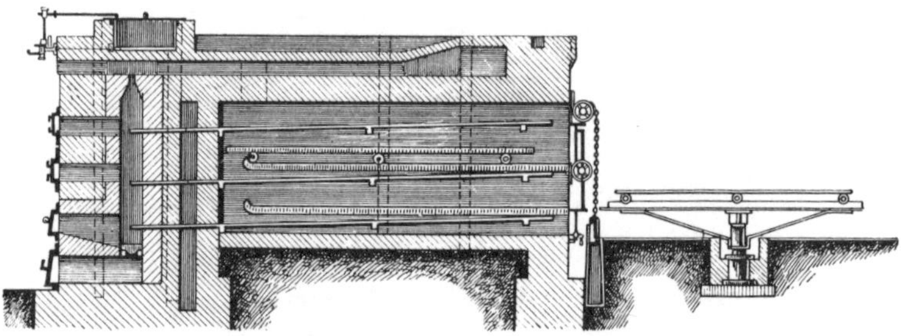

Abb. 132. Auszugofen mit Drehgestell.

Die beweglichen Herdplatten oder die drehbaren Herde sollten, wie bereits früher erwähnt wurde, die Ungleichmäßigkeit der Hitze im Backraum ausgleichen. Dem gleichen Prinzip folgten Einrichtungen, die bei einigen Auszugöfen angewendet wurden, aber keine weitere Verbreitung gefunden haben. Es waren dies verschiedene Arten von Drehgestellen, die vor dem Ofen aufgestellt wurden. Sie nahmen die ausfahrbare Ofenplatte auf und wurden dann um die Achse, auf der sie ruhten, gedreht. Dadurch wurde ermöglicht, daß beim Einschieben die mit Broten belegte Platte mit dem bis dahin vorn lagernden Teil nach hinten in den Backraum in die Nähe der Heizung kam. Die Vorteile dieser Einrichtungen waren gering, die Nachteile überwogen, da das vor dem Ofen fest verankerte oder schwer bewegliche, drehbare Gestell auch während der Backzeit einen großen Raum der Backstube versperrte. Durch richtigen Einbau der Rohre und Anlage des Backherdes wurde bewirkt, daß auch ohne Drehen der Herde ein gleichmäßiges Backen erreicht werden kann.

Neuerdings erfuhr auch das Aussehen dieser Auszugdampfbacköfen durch eine neue in einfachen, ruhigen Formen gehaltene Vorstellplatte eine Verschönerung. Dabei wurde die Konstruktion so getroffen, daß die Öfen, bei fast gleichem Aussehen, ebenso Schiebe- wie Klapptürenverschluß erhalten können. Bis jetzt hat sich eine Vereinheitlichung der Türenkonstruktion nicht vornehmen lassen. Betriebe, die viel Kleingebäck herstellen, ziehen die Schiebetüre vor, weil diese nur bis über den Herdrand geöffnet werden kann. Dadurch wird der Schwaden im Ofeninnern zurückgehalten.

Abb. 133. Bäckerei mit zwei Auszug-Dampfbacköfen mit Klapptüren, im Hintergrunde Gerstelofen mit Dunstabzug.

Die Klapptüre dagegen bietet den Betrieben Vorteil, die vorwiegend großes, schweres Brot herstellen.

Diese Konstruktion bietet auch dann äußerlich ein einheitliches Bild, wenn an einer größeren Ofenanlage teils Schiebetüren, teils Klapptüren verwendet werden. Die Handgriffe zum Öffnen und Schließen der Herdtüren sind bei beiden Herden ganz die gleichen. Man hat lediglich das Gewicht nach vorne bzw. nach unten zu ziehen.

Ein weiterer Vorteil besteht in der seitlichen Anordnung der Pyrometer. Die bisherigen Feder-Pyrometer waren etwas zu empfindlich und unterlagen ab und zu Störungen. Die bei der Neukon-

Abb. 134. Zwei Auszug-Dampfbacköfen mit Brötchen-Ableg-Apparat, links in Ruhestellung, rechts wird der obere Herd des Auszugofens mit Brötchen durch den Aufsetz-Apparat belegt.

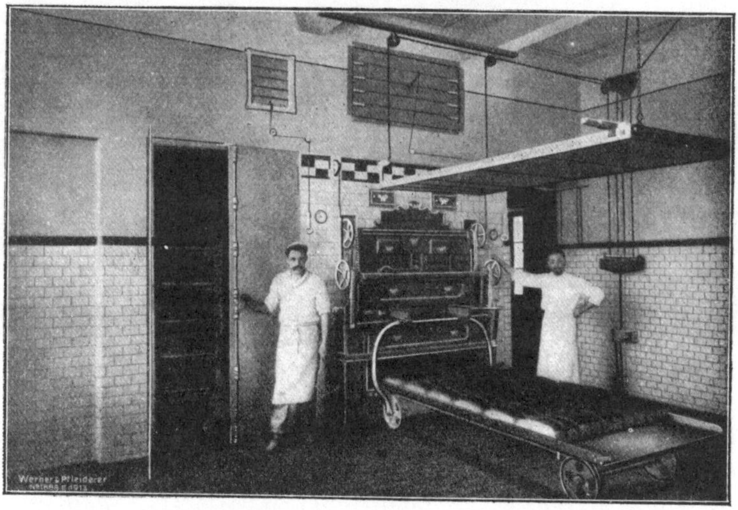

Abb. 135. Backraum mit Zweideck-Auszug-Dampfbackofen, Brötchen-Ableg-Apparat und Gärkammer.

struktion verwendeten Pyrometer sind an sich gegen äußere Einflüsse unempfindlich und werden durch die seitliche Anordnung der thermischen Beeinflussung durch die Vorstellplatte und die Schwadendämpfe entzogen; auch fällt jede Erschütterung beim Ein- und Ausfahren des Herdes weg.

Wird auf dem Auszugofen viel Kleingebäck gebacken, so empfiehlt sich die Verwendung besonderer Apparate zum Ablegen bzw. Aufsetzen der Brötchen. Einen Brötchen-Ablege-Apparat zeigen unsere Abb. 134 und 135. Auf ein über Rollen laufendes endloses Tuch von der Größe der Backherde werden die Brötchen aufgesetzt, nachdem der durch Gegengewicht ausbalancierte Apparat in entsprechende Höhe herabgelassen wurde. Dieser ist so konstruiert, daß sich beim Einschieben des zuvor ausgezogenen Herdes das Tuch abrollt, wodurch die Teigstücke auf den Herd gelegt werden. In der Ruhestellung ist der Apparat hochgezogen, so daß der Raum vor dem Ofen völlig frei wird.

Eine andere Konstruktion stellt die Abb. 136 Seite 156 dar. Hier werden die Teigstücke in Rahmen gesetzt, deren Länge der Breite des Backherdes entspricht, während ihre Breite so bemessen ist, daß je drei Rahmen zusammen die Länge des Backherdes ergeben. Innerhalb des Rahmens sind eine Anzahl mit Stoff ausgekleidete Rinnen in Achsen drehbar gelagert. In diese Rinnen werden die Teigstücke gelegt. Der Rahmen wird auf den Herd aufgesetzt, hierauf kippt man sämtliche Rinnen durch eine gemeinsame Kurbel gleichzeitig um, wodurch sich die Teigstücke auf den Herd legen. Die Rahmen können auch aufeinandergestellt werden und bilden dadurch gleichsam einen Gärkasten. Mittels eines Plattformwagens können sie bequem befördert werden.

Einen ähnlichen Aufsetz-Apparat gibt es auch für Großbrot, bei dem, wie aus unserer Abb. 137 Seite 156 ersichtlich, an Stelle der Holzrinnen Backschüsseln treten. Diese in Achsen drehbar gelagerten Backschüsseln sind an einer Seite des Rahmens durch kleine Kurbeln mit einer beweglichen Schiene verbunden. Nachdem der Rahmen auf den Herd aufgesetzt ist, werden durch einen Griff sämtliche Backschüsseln gekippt und die Teigstücke auf den Herd gelegt. Es findet also kein Anfassen der gegärten Laibe statt. Dadurch werden nicht nur die Backschüsseln geschont, sondern es fällt auch die ganze Handarbeit beim Aufsetzen weg. Den Forderungen an größte Reinlichkeit ist Genüge getan und gleichzeitig wird wesentlich an Zeit und Arbeit gespart.

In viel größerem Maße findet eine solche Ersparnis jedoch bei Verwendung der kontinuierlich arbeitenden Backöfen für Kleingebäck und Großbrot statt, auf die wir in einem weiteren Abschnitt eingehender zu sprechen kommen werden.

Abb. 136. Brötchen-Aufsetz-Apparat in einer Großbäckerei.

Abb. 137. Brot-Aufsetz-Apparat im Betrieb einer Großbäckerei.

b) Der Kombinations-Dampfbackofen

Die verschiedenartigen Bedürfnisse namentlich von Bäckereien, die neben verschiedenen Brotsorten und Backwaren aller Art viel Feingebäck und Konditoreiwaren herstellen, führten zur Konstruktion eines Ofentypes, der die Vorteile des Einschieß- und Auszug-Ofens in sich vereinigt. Diese Kombinations-Öfen können nun wieder in verschiedener Form den besonderen Betriebserfordernissen angepaßt werden. Aus der Grundform mit einem unteren

Abb. 138. Kombinations-Dampfbackofen mit je einem Einschieß- und Auszugherd.

ausziehbaren und einem oberen feststehenden Herd zum Einschießen entwickelten sich Öfen mit je einem Auszug-, Einschieß- und besonderen Konditorherd. Der letztere kann von vorne, seitlich oder hinten durch eine oder zwei Türen bedienbar gebaut werden. Sehr vorteilhaft ist auch die Teilung des Auszugherdes in zwei ausziehbare Backflächen, wodurch sich die Herde getrennt benützen lassen.

Man kann also einen Herd herausziehen, während auf dem anderen, empfindliches Gebäck stehen bleiben kann, das eine Erschütterung des Herdes nicht verträgt, solange es nicht fertig ist. Auch diese Kombinationsöfen können ebensowohl für Kohlen-, wie für elektrische oder Ölfeuerung eingerichtet werden.

Erklärung der Buchstaben und Ziffern der nachstehenden Abb. 139

A. Unterer Backraum
- a^1 Backherd
- a^2 Rohrlage für die Unterhitze
- a^3 Rohrlage für die Oberhitze
- a^4 Schwadenplatten
- a^5 Sammelrinne
- a^6 Decke
- a^7 Schwadenabzug
- a^8 Wasserzuleitung zum Schwadenapparat
- a^9 Schwadenabzugventil-Bedienung

B. Oberer Backraum
- b^1 Backherd
- b^2 Rohrlage für die Unterhitze
- b^3 Rohrlage für die Oberhitze
- b^4 Schwadenplatten
- b^5 Sammelrinne
- b^6 Decke
- b^7 Schwadenabzug
- b^8 Wasserzuleitung zum Schwadenapparat
- b^9 Schwadenabzugventil-Bedienung

C. Backraum für Konditorwaren
- c^1 Backherd
- c^2 Decke

D. Mauerwerk
- d^1 Fundament
- d^2 Isolierungen

E. Warmwasserkessel

F. Rauchkanal
- f^1 Rauchschieber

G. Putztüren

H. Feuertüre
- h^1 Aschenfall

J. Schiebetüren

K. Schiebeschruft
- k^1 Schwadenklappe

L. Einschießtüren zum Konditorherd

M. Leuchtapparat zum oberen Backraum

N. Leuchtapparat zum Konditorherd

O. Pyrometer

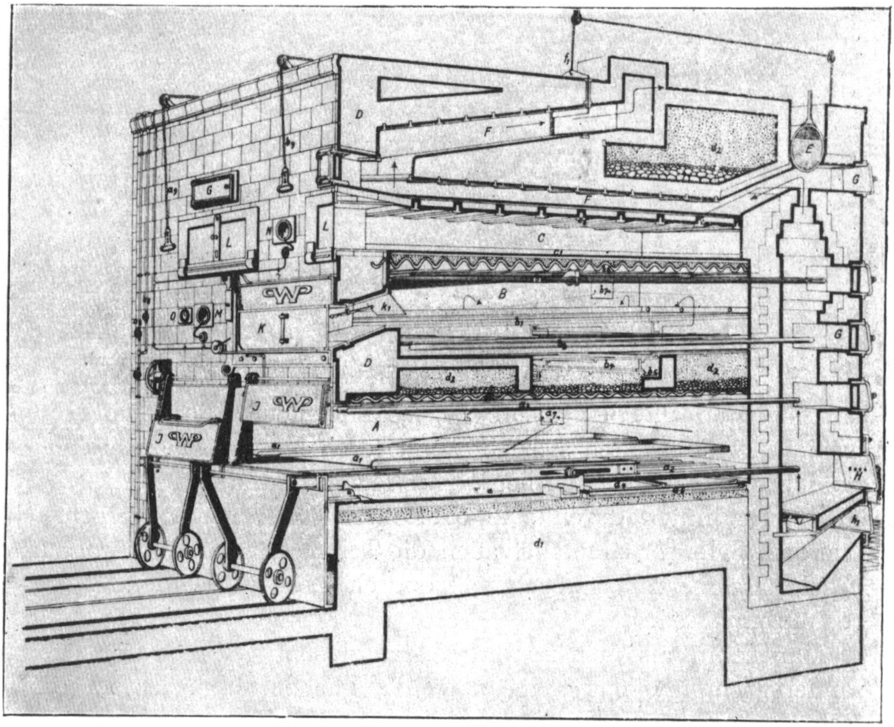

Abb. 139. Schnitt eines Kombinations-Dampfbackofens „Werner“, System Werner-Pfleiderer, mit zwei ausziehbaren und einem feststehenden Backherd, einem zweitürigen Konditorherd und Hinterfeuerung.

c) Der Zwieback-Röstofen

Dieser stellt wieder eine besondere Konstruktion dar. Man kann natürlich in den vorbeschriebenen Ofentypen des Einschieß-, Auszug- und Kombinationsofens auch Zwieback rösten, aber für die Bedürfnisse des Großbetriebs sind diese Öfen zu wenig leistungsfähig.

Abb. 140. Zwieback-Röstofen mit vier Rösträumen.

Deshalb baute man besondere Röstöfen, bei denen drei bis vier voneinander nicht getrennte Rösträume übereinanderliegen. Die Bleche werden an der mittels Klapptür verschlossenen Öffnung auf die an den inneren Seitenwänden befindlichen Winkeleisen eingeschoben und durch den Zugang weiterer Bleche zum andern Ende durchgeschoben, von dort werden sie wieder in den nächsten Röstraum eingeschoben, bis sie fertiggeröstet sind. Diese Zwieback-Röstöfen bilden den Übergang zu den kontinuierlich arbeitenden Backöfen, den Kettenöfen, die auch in der Zwiebackfabrikation Verwendung finden.

d) Kettenofen

Der Dampfbackofen erfuhr in der Biskuit-, Keks- und Zwiebackindustrie seine Ausbildung als sog. Kettenofen, wobei jedoch zu sagen ist, daß dieser Ofen genau wie jeder andere Backofen auch mit Heißluft (Kanalofen), mit Gas oder Elektrizität geheizt werden kann. Der Kettenofen ist über den Rahmen einer Bäckerei hinausgewachsen und trägt den Bedürfnissen eines Großbetriebes Rechnung. Bei Biskuit, Keks usw. werden große Mengen gleichartigen

Abb. 141. Ansicht einer Keksfabrik mit zwei Kettenöfen mit Perkins-Rohrheizung, von der Auslaufseite gesehen.

Gebäckes auf kontinuierlich arbeitenden Maschinen hergestellt; infolgedessen war ein Ofen für ununterbrochenen Backbetrieb ein Bedürfnis.

Der Kettenbackofen besitzt weder einen feststehenden, noch einen ausfahrbaren Backherd. Im Ofeninnern wandern endlose Ketten durch den Backraum. Die Backware wird auf Blechen an der einen Seite auf die Ketten aufgegeben und an der anderen Seite nach dem Ausbacken abgenommen. Die Hitze des Backraumes und die Geschwindigkeit der Ketten muß der Ausbackzeit der Gebäckstücke entsprechen, wodurch eine ganz bedeutende Länge dieser Öfen bedingt wird.

e) Kontinuierliche oder selbsttätige Öfen

Den ersten Backofen für das Backen von Großbrot, dessen eigenartiges Konstruktionsprinzip auf einer endlosen Kette beruhte, baute ein Engländer Bertan in Brooklyn auf Long Island. Die Kette bewegte sich um zwei Rollen, die in der ganzen Höhe des Ofens senkrecht übereinander standen. An dieser endlosen Kette waren in der Entfernung je eines halben Meters 32 Paare eiserner Stangen befestigt, auf welche wieder Platten gelegt wurden. Durch einen äußeren Antrieb wurde die Kette bewegt. Die Brote wurden in großen flachen Kästen auf die Platte gesetzt und bei einem Um-

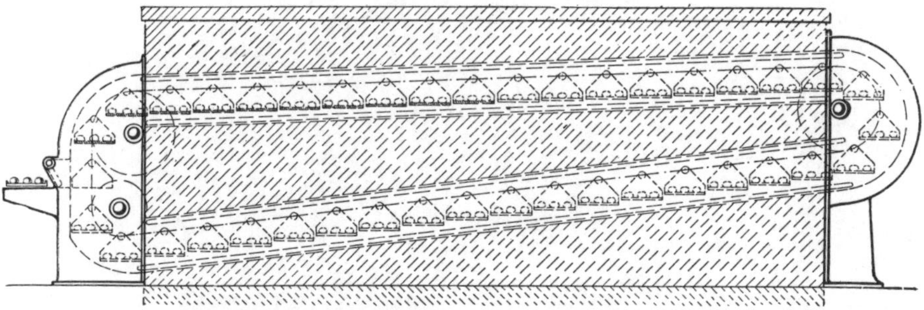

Abb. 142. Schematischer Schnitt durch den kontinuierlichen und selbsttätig backenden „Auto"-Dampfbackofen, Patent Werner-Pfleiderer.

lauf der Kette zweimal durch die ganze Höhe des Backraumes von unten nach oben und umgekehrt geführt. Die auf der einen Seite des Ofens, durch eine automatisch sich öffnende und schließende Türe, eingebrachten Kästen erschienen nach bestimmter, durch die Geschwindigkeit der Kettendrehung regulierbaren Zeit auf der anderen Seite des Ofens, wo sie durch eine zweite Türe rasch herausgezogen wurden.

Bertan heizte seinen Ofen noch mit Röhren, die durch die Ofenwand tretend an dieser aufwärts geführt wurden und in deren Innerem die in der Feuerung entwickelten Heizgase aufstiegen.

Es ist mehr als ein Jahrzehnt her, daß das Prinzip des Kettenofens in Deutschland von F. Kühtz erneut aufgegriffen und in engstem Zusammenarbeiten mit der Firma Werner & Pfleiderer technisch so durchgearbeitet wurde, daß diese Öfen heute als selbsttätige Backmaschinen bezeichnet und als ein hervorragender technischer Fortschritt gewertet werden können.

Diesen automatischen Backofen — als „Auto"-Ofen bekannt — durchwandern endlose Ketten, an denen schaukelartige Gestelle in gleichmäßiger Entfernung voneinander aufgehängt sind. Die Gestelle tragen lose eingelegte Backplatten. Durch eine äußerst sinnreiche Vorrichtung werden die Teigstücke auf die Backplatte gelegt. Da diese Platten durch die Ketten von vorne nach hinten und wieder zurückgetragen werden, treten sie an der Eintrittstelle mit der fertiggebackenen Ware wieder heraus. Gegenüber den bisher gebräuchlichen Kettenöfen sind diese Autoöfen daher wesentlich

Abb. 143. Anlage mit 3 kontinuierlichen „Auto"-Dampfbacköfen für Kleingebäck.

verkürzt. Ein Ofen von der halben Länge der bisher üblichen Keksöfen genügt zur Erzielung der gleichen Leistung.

Ein besonderer Mechanismus regelt durch ein Schaltrad das auf wenige Sekunden beschränkte Öffnen der Ofentüre, das Heraustreten der Backplatte, das Entfernen des Gebäckes, das Neubelegen der Backplatte, deren Verschwinden im Ofen, das Schließen der Ofentüre und die Bewegung im Innern des Backraumes. Ist nämlich die Backplatte vor die Beschickungstür gelangt, so werden mechanisch Ausziehstangen in den Ofen geschoben. Diese haben einen runden Querschnitt mit entsprechenden Abflachungen. Sie werden, nachdem sie mit der abgeflachten Stelle unter das Blech geschoben sind, um ihre Achse auf Hochkant um 90° gedreht, so daß sie die Platte vom Gestell abheben und bei ihrem Rückgang aus dem Ofen mit herausnehmen. Hier findet die Entleerung und Neubeschickung und dann die Rückbeförderung in den Ofen mit der frischen Füllung statt. Die Stangen werden wieder um 90° gedreht und setzen die Platte auf das Gestell ab. Die Kette ohne Ende, die während der Beschickung die erforderliche Pause gehabt hat, bewegt sich nun weiter, nachdem zuvor noch die Stangen aus dem Ofen zurückgezogen sind.

Vor Inbetriebsetzen wird das Ofeninnere von einem kleinen Dampfapparat aus mit künstlichen Schwaden gefüllt. Sobald einige Backplatten belegt sind, ist die weitere Dampfzuführung nicht mehr nötig, denn der Ofen backt dann im eigenen, aus den Backwaren aufsteigenden Schwaden weiter. Dadurch wird ein hinsichtlich Farbe und Größe ganz gleichmäßiges Backen erzielt, wie es in einem anderen Ofen gar nicht möglich ist.

Die Durchlaufgeschwindigkeit, also die Backdauer, ist im Betrieb leicht zu regeln. Ein Zeigerapparat gibt jederzeit die augenblickliche Backdauer zu erkennen. Die Heizung erfolgt ebenfalls durch Wasserheizungsröhren, erfordert aber verhältnismäßig wenig Wartung, da ein Ofen von solch großen Stein- und Eisenmassen leicht die gleiche Temperatur halten kann. Die fertigen Backwaren werden in Körbe abgeworfen oder wandern auf einer selbsttätigen Fördervorrichtung in den Versandraum. Zur Bedienung sind nur zwei Leute erforderlich, welche die Teigstücke von den Gärbrettern zum Aufsetzapparat des Ofens bringen.

Der selbsttätige Ofen eignet sich besonders zur Herstellung größter Mengen von Kleingebäck einer Sorte aus Weizenmehl oder von größerem Weizengebäck. Mit dem kontinuierlichen Ofen normaler Größe von etwa $9^1/_2$ m Gesamtlänge, 5 m Breite und $2^1/_2$ m Höhe, dessen Backplatten $2{,}5 \times 0{,}37$ m groß sind, kann man bis 15000 Stück Weißbrötchen in der Stunde herstellen.

Hand in Hand mit der Ausbildung des selbsttätigen Backofens ging nun die weitere Durchführung des automatischen Prinzipes in der Bäckerei. Es wurden besonders zum Teilen und Aufwirken des Teiges selbsttätige Maschinen für Kleingebäck und Großbrot geschaffen. Namentlich die Firma Werner & Pfleiderer hat dieses Gebiet in gründliche Bearbeitung genommen und außer den verschiedenen selbsttätig arbeitenden Teigteil- und Wirkmaschinen automatische Gärschränke für Großbrot, neuerdings in Verbindung mit dem „Auto“-Ofen auch für Kleingebäck gebaut. In diesen Gärschränken erreichen die von der Teigteil- und Wirkanlage kommenden Teigstücke den nötigen Reifezustand, um dann selbsttätig dem kontinuierlichen Backofen zugeführt zu werden. Die fertigen Brote werden von Förderbändern aufgenommen; sie durchlaufen eine Kühlanlage, um dann sofort in die Körbe usw. für den Versand in die Verkaufsstellen verpackt zu werden.

Wie dem Verfasser mitgeteilt wird, hat die Firma Werner & Pfleiderer verschiedene Großbäckereien mit rein automatischem Betrieb teils eingerichtet, teils solche zur Zeit in Aufstellung. Die Anlagen sind so konstruiert, daß vom Mehl bis zum versandfertigen Brot ein fast lückenloser selbsttätiger Arbeitsgang stattfindet.

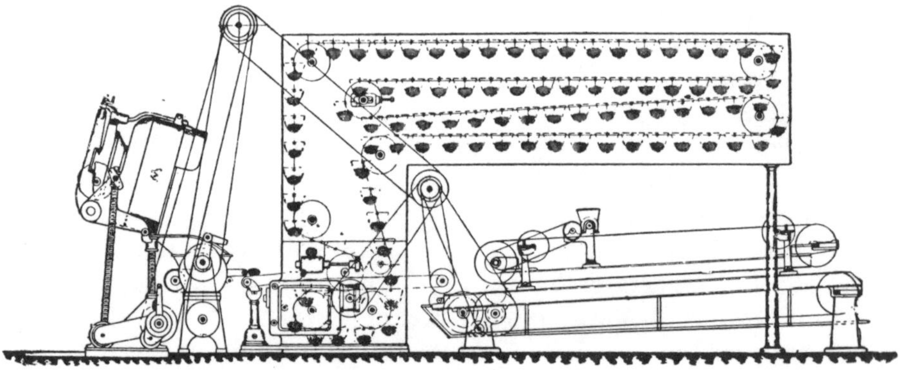

Abb. 144. Schematische Darstellung einer selbsttätigen Anlage für Teigverarbeitung, bestehend aus Hebe- und Kippvorrichtung für die über die Teigteilmaschine gekippte Knetschale, automatischem Gärschrank und Langroll-Apparat zum Aufwirken der geteilten und gegärten Teigstücke für Großbrot.

Zweifellos werden nun die Brotfabriken mehr und mehr zum völlig automatischen Betrieb übergehen.

Damit soll aber nicht gesagt sein, daß die handwerksmäßig betriebene Bäckerei verschwinden wird, denn auch sie hat es verstanden, sich in bezug auf Backöfen den Fortschritt der Technik voll zunutze zu machen und sie wird es wohl auch fernerhin in bezug auf die sonstigen bäckereitechnischen Einrichtungen tun, worauf ich aber hier im Rahmen dieses Buches nicht eingehen kann; auch sind in Deutschland in bezug auf Brot und Gebäcke so vielerlei, voneinander abweichende Geschmacksrichtungen vorhanden, daß der handwerksmäßig geleitete Betrieb durch Eingehen auf die mancherlei persönlichen Wünsche ein reiches Betätigungsfeld findet.

Mit der Konstruktion automatischer Bäckereianlagen hat sich außer Werner & Pfleiderer, Cannstatt, auch die Firma Baker Perkins Ltd. in London-Peterborough und Saginaw (U.S.A.) befaßt. Es wurden nicht nur Teigteil- und Wirkanlagen, sondern auch automatische Öfen verschiedener Systeme geschaffen, die besonders für die Herstellung von Weizengroßbrot geeignet sind und in den weizenverarbeitenden Ländern Eingang gefunden haben. Insbesondere haben diese Firmen den an sich bekannten Lattenofen zu einem auto-

Abb. 145. Ansicht eines Tunnel-Backofens mit direkter Gasheizung von der Einlaufseite.

matischen Großbrotofen von höchster Leistungsfähigkeit, bis zu 40 m Länge und bis zu 3 m Breite des Lattenbandes, ausgebildet, der hauptsächlich in Nordamerika und England, neuerdings auch in Belgien, Frankreich, Holland und Portugal unter dem Namen „Tunnel-Ofen" Verbreitung gefunden hat und für die verschiedensten Brotsorten verwendet wird. Nicht nur Brot in Blechkapseln, sondern auch frei aufgesetztes Brot wird mit großem Vorteil in diesem Ofen gebacken. Dadurch, daß an der einen Längsseite des Ofens mehrere Einschießtüren angebracht sind, kann man in diesem Ofen selbst Kleingebäck backen, das nicht den ganzen Ofen durchwandert, sondern an einer der Einschießtüren hereingegeben oder aber herausgenommen werden kann. In Amerika hat man sogar Roggenbrot im Tunnelofen gebacken und auch für deutsche Verhältnisse ist die Frage des Backens von Roggenbrot im Tunnelofen als gelöst zu betrachten. Es werden zur Zeit bereits derartige Öfen erstellt.

Die Umfassungswände dieses Ofens werden meist in Mauerwerk ausgeführt. Durch Verwendung besonderen Isolierstein-Materials wird das Gewicht des Ofens sehr nieder gehalten, die Wärmeausstrahlung weitgehendst verhindert und eine günstige Ausnützung der Wärme erzielt. Die Tunnel-Ofen werden in besonderen Fällen aber auch vollständig aus Eisen gebaut. Die Hauptwände bestehen dann aus einem Trägergitterwerk mit doppelter Blechverkleidung und dazwischengeschichtetem Isoliermaterial, so daß auch hierbei die Wärmeausnutzung eine äußerst günstige ist. Der Ofen zeichnet sich durch große Einfachheit und Betriebssicherheit aus.

Die Durchlaufzeit kann für jede in der Bäckerei übliche Backzeit der Brote und anderer Gebäcke eingestellt werden. Geheizt wurden die ersten Ausführungen dieser Ofen durch Unter- und Oberzüge, also ähnlich wie die bekannten Unterzugöfen. Heute ist diese Heizungsart aber wegen des geringen Nutzeffektes fast ganz verlassen worden; es wird entweder Perkinsheizung mit einer entsprechenden Anzahl nahtloser Stahlröhren und mehrerer auf die Länge des Ofens verteilter Feuerungen oder direkte Gasheizung verwendet. Die letztere ist weitgehend vervollkommnet worden und hat für den Betrieb des Ofens erhebliche Vorzüge durch das schnelle Aufheizen vor Inbetriebsetzung, ferner durch die gute Regulierung und Einstellungsmöglichkeit von Unter- und Oberhitze für die wechselnden Brotsorten und insbesondere durch den völligen Wegfall von Rauch, Ruß und Schmutz. Auch die Betriebskosten für derartige, direkt mit Gas geheizte Ofen sind, bei angemessenen Gaspreisen, nicht höher als bei Kohlenheizung von Perkinsrohr-Öfen. Die gute Wärmeausnützung bei der direkten Gasheizung gibt dieser gegenüber der indirekten, bei der das Gas in Schutzrohren verbrannt wird, eine große Überlegenheit.

In gesundheitlicher Beziehung ist diese Heizungsart als durchaus einwandfrei zu bezeichnen. In Nordamerika wird ein ganz erheblicher Prozentsatz des gesamten Brotverbrauches auf mehreren hundert solcher Tunnel-Backöfen hergestellt. Ebenso werden dort auch die beim Backen recht empfindlichen Keks und Biskuits in großen Mengen mit direkter Gasheizung gebacken. Außerdem sind die gasgeheizten Küchenherde, die in unendlich vielen Haushaltungen täglich im Gebrauch sind, mit direkter Gasheizung ausgestattet, ohne daß von einer gesundheitsschädlichen Einwirkung des Gases auf die hergestellten Speisen und Gebäcke die Rede ist.

Wichtig ist die richtige Anordnung der Brennerröhren im Ofeninnern, die besondere Erfahrung erfordert. Das Gas wird durch einen Kompressor auf einen höheren Druck verdichtet und so den Brenner-

Abb. 146. Ansicht eines Tunnel-Backofens mit elektrischer Heizung von der Einlaufseite.

röhren als Preßgas zugeführt. Durch eigenartige patentierte Vorrichtungen wird stets die richtige Mischung von Luft und Gas erzielt und dabei, außerdem auch bei wechselnder Gasentnahme, stets der gleichbleibende Gasdruck gehalten. In Amerika sind sogar Tunnelöfen mit direkter elektrischer Heizung im Betrieb, welche Heizungsart in bezug auf Bequemlichkeit und Sauberkeit die idealste ist. Auch in Deutschland sind solche Öfen bereits im Bau.

Die vorerwähnte Firma Baker Perkins Ltd. brachte weiter die Konstruktion eines anderen automatischen Backofens, den sog. „Swinging-tray-oven" heraus. Dieser ist mit dem Gärschrank vereinigt und wird hauptsächlich für die Herstellung von in Blechkästen zu backenden Broten verwendet, wozu er besonders in

England ziemliche Verbreitung gefunden hat. Der Ofen ist mit schaukelartigen Gestellen, ähnlich denen des Autoofens Seite 161 ausgestattet, die — an zwei endlos langen Ketten befestigt — in eigenartigen Schlangenlinien den Ofen durchwandern. Beim Austritt aus dem Ofen werden die fertig gebackenen Brote aus den Blechkapseln herausgenommen. Die leeren Kapseln wandern über den

Abb. 147. „Swinging-tray"-Ofen mit Auslauf, links Kühlschrank. Das abgekühlte Brot wandert über den Ofen in die Einwickelmaschine.

Ofen hinweg bis vor den Gärschrank, wo sie gereinigt und innen geölt werden. Hierauf treten sie in den Gärschrank ein, um an einer bestimmten offenen Stelle desselben mit frischer, zu backender Ware belegt zu werden und durchwandern dann den Gärschrank nach dem Ofen zu. Dabei tritt Dampf und zugleich auch Wärme aus dem Ofen in den Gärschrank, um für die Gärung der Teigstücke nutzbar verwendet zu werden, so daß die letzteren richtig vorbereitet in den Backraum treten. Durch eigenartige Verstellung der Kettenräderpaare im Gärschrank kann die Gärdauer in gewissen Grenzen geändert werden. Ebenso kann die Durchlaufzeit der Teigstücke durch den Ofen nach der Backdauer der Brote oder nach der Hitze des Ofens reguliert werden. Geheizt werden diese Öfen meist mittels Perkinsröhren, die in entsprechender Weise im Ofeninnern verteilt sind und die durch mehrere, seitlich am Ofen befindliche Feuerungen geheizt werden. Es werden neuerdings solche Ofen auch mit direkter Gasheizung ausgeführt, ähnlich den Tunnelöfen.

Hand in Hand mit der Ausbildung der automatischen Backöfen ging die Ausbildung und Vervollkommnung der übrigen für den automatischen Bäckereibetrieb erforderlichen Maschinen und Vorrichtungen, so hauptsächlich der Teigteil- und Wirkmaschinen und der Gärschränke. Nachdem die Entwicklung des Dampfbackofens in Großbetrieben mehr und mehr zur rein automatischen Bäckereianlage führte, ist es gewiß von Interesse, auch die wesentlichen Teile einer solchen selbsttätig arbeitenden Anlage etwas näher zu betrachten.

f) Automatische Bäckerei-Anlagen

Ofen- und Maschinenanlage bilden hier eine technische Einheit, in welcher nach dem System der Fließarbeit sich die Herstellung

Abb. 148. Automatische Mehl-Vorbereitungs-Anlage.

des Brotes in einer Reihe von Maschinengruppen fortlaufend vollzieht, von denen jede in Arbeitsweise und Arbeitsgeschwindigkeit auf die nächstfolgende abgestimmt ist bzw. der Backzeit des Ofens angepaßt werden mußte.

Der gesamte Arbeitsgang eines neuzeitlichen Bäckerei-Großbetriebes wickelt sich etwa folgendermaßen ab: Das in verschiedenen Qualitäten aus der Mühle kommende Mehl gelangt nach Bedarf in eine Anzahl Mehlmisch-Maschinen, welche die einzelnen Sorten je nach der gewollten Brotbeschaffenheit durcheinandermischen. Elevatoren und Transportschnecken verteilen das gemischte und

Abb. 149. Knetanlage einer amerikanischen Großbäckerei mit autom. Mehl-Abwiege- und Wasser-Abwiege-Vorrichtungen.

gleichzeitig gesiebte Mehl in große Mehlsilos. Unter den Ausläufen dieser Mehlsilos befinden sich selbsttätig registrierende Mehlabwiege-Vorrichtungen, die das genau abgewogene Mehl einer Anzahl Vorteig-Knetmaschinen zuführen. Diese kneten es mit dem auf besonderen Waagen ebenfalls genau abgemessenen und auf eine bestimmte Temperatur gebrachten Wasser unter Zugabe der bestimmten Menge Hefe oder Grundsauer zum Vorteig. Der fertige Vorteig wird dann in Hängebahnwagen gefüllt und zu einer entsprechend langen Gärpause in einen besonderen Gärraum gefahren. Der fertig gegorene Vorteig wird durch die Hängebahnen den eigentlichen

Fertigteig-Knetmaschinen zugeführt und in diese entleert. Zu dem Vorteig wird noch durch Mehlwaagen die bestimmte Menge Mehl, ferner durch Wasserabwiegevorrichtungen die nötige Menge richtig erwärmten Wassers mit dem erforderlichen Salz in die Fertigteig-Knetmaschinen gegeben. Die Knetmaschinen sind, den Erfordernissen der amerikanischen Weizenbrotbäckerei bei kalter Teigführung entsprechend, mit sehr hoher Geschwindigkeit ausgestattet und wegen des hohen Kraftverbrauchs sehr kräftig ausgeführt. Der geknetete

Abb. 150. Gärraum mit Luft-Erwärmungs- und Befeuchtungs-Anlagen.

Fertigteig wird ebenfalls in Hängebahnwagen entleert und einer entsprechenden Gärpause unter ähnlichen Bedingungen wie der Vorteig unterworfen. Der mit kalter Führung hergestellte Teig erfordert eine langsame Gärung mit starker Zunahme des Volumens. Deshalb sind große Teigwagen erforderlich, in denen der Teig mehrmals zusammengeschlagen wird. Um unabhängig von der Außenluft die Teiggärung stets zwangläufig durchführen zu können, wird die Luft im Gärraum dauernd auf gleichem bzw. genau einstellbarem Wärme- und Feuchtigkeitsgrad gehalten, durch Luft-Erwärmungs- und Befeuchtungs-Anlagen.

Nach Beendigung der Gärpause wird der Fertigteig im Hängebahnwagen zur Entleerung über entsprechende Trichteröffnungen im Fußboden gefahren und in diese entleert. Die mit Schieberregulierung versehenen Trichter führen den Teig den automatisch arbeitenden Teigteil-Maschinen zu, die ein Stockwerk tiefer stehen. Die genau abgeteilten Teigstücke wandern über ein Transportband zu einer Vorwirk-Maschine. Letztere gibt den Teig-

Abb. 151. Automatische Teigteil- und Wirkmaschine mit anschließendem Gärschrank.

stücken einen besseren Halt und führt sie dem Vor-Gärschrank zu. Sie fallen hier in leinene Taschen oder ähnl., die in Gehängen den Gärschrank durchwandern und werden nach einer genau eingestellten Zeit ausgeworfen, um von einer oder zwei hintereinander geschalteten Nachwirk-Maschinen aufgenommen zu werden. Hier werden sie rund und dann lang geformt. Die fertigen langgeformten Teigstücke werden selbsttätig in Blechkasten gelegt, erhalten im folgenden Nach-Gärschrank den richtigen Reifegrad und werden nun dem automatischen Backofen zugeführt. Nachdem das Lattenband des automatischen Backofens die Teigstücke aufgenommen hat, wandern diese in ununterbrochenem Strom von der Eintrittstelle die ganze Länge des Ofens durch, um am andern

Ende als fertige Backwaren wieder herauszutreten. Die austretenden Abgase, Dämpfe usw. werden durch Trichter und Rohrleitungen abgesaugt und ins Freie geführt.

Die Blechkasten mit den gebackenen Broten gleiten am Ofenaustritt von den Lattenbändern des Ofens herunter. Die Bäcker lassen die Brote durch Hochkippen der Kasten auf ein anderes Transportband fallen. Selbsttätige Förderbänder und Rutschen führen die gebackenen Brote der Kühlvorrichtung zu. In dieser werden

Abb. 152. Auslaufseite von 2 Tunnelöfen, links wandern die Brote zum unteren Luftschrank.

sie stockwerkartig übereinandergeführt, von einem leichten Luftstrom bestrichen und dadurch abgekühlt. Die leeren Blechkasten werden an der Eintrittstelle des Ofens auf ein oberes Transportband gelegt und der automatischen Teigverarbeitungsanlage zum Wiederfüllen zugeführt, nachdem sie auf dem Wege nach dorthin abgekühlt, maschinell gereinigt und geölt worden sind.

Beim automatischen „Swinging-tray"-Ofen nach unserer Abb. 153 Seite 174 ist der Kühlschrank besonders deutlich zu erkennen. Dieser wird von einem Gestell und einer großen Zahl Gehänge gebildet, die als Stäbchenroste an Ketten befestigt, in gleichmäßigem Kreislauf das Gestell durchwandern. Jedes Gehänge wird vom Förderband selbsttätig mit Broten belegt und nach dem Durchlaufen der Kühlvorrichtung ebenso selbsttätig entleert. Die stets gleichmäßig abgekühlten Brote wandern auf der zwischen Ofen und Kühlvorrichtung sichtbaren Förderrutsche zur Einwickel-Maschine.

Unsere Abb. 154 zeigt den Versandraum einer amerikanischen Großbäckerei. Im Hintergrund ist wieder die Kühlvorrichtung sichtbar, von der die Brote auf zwei nebeneinander laufende Förder-

Abb. 153. Automatische Kühlvorrichtung neben dem „Swinging-tray“-Ofen.

bänder gelangen. Diese Bänder bewegen sich in entgegengesetzter Richtung. Sie sammeln die gekühlten Brote, indem die am Ende eines der beiden Förderbänder angelangten Brote durch eine Rutsche auf das aufsteigende Ende des anderen Bandes fallen und von diesem mitgenommen werden. Rechts und links von den Transportbändern stehen die Einwickelmaschinen, in die nach Bedarf die gekühlten Brote geschoben werden. Eine Anzahl fahrbarer Ständer zur Aufnahme der eingewickelten Brote steht rechts im Hintergrund.

Eine Heizungs- und Luftbefeuchtungsanlage sorgt dafür, daß unabhängig von der Außenluft in den Bäckereiräumen die richtige, für die einzelnen Räume nötige Wärme und Feuchtigkeit herrschen. Elektrische Fernmeßgeräte zeigen an einer Zentralstelle ständig die Temperaturen der Räume und Öfen, die Luftfeuchtigkeit usw. an. Die selbsttätigen Mehlwaagen geben den täglichen Mehlverbrauch an, so daß eine genaue Übersicht und Überwachung jederzeit gewährleistet ist. Die Bäckereiräume selbst sind innen hygienisch einwandfrei auf das sauberste mit glänzenden Kacheln ausgestattet. Der automatische Betrieb ist ausgezeichnet durch Sauberkeit und kennt keinen Schmutz.

Abb. 154. Packraum mit automatischen Einwickel-Maschinen.

Ein neuzeitlicher Bäckereigroßbetrieb, der meist in einem auch nach außen architektonisch schön wirkenden Gebäude untergebracht ist, ist äußerst übersichtlich infolge seiner durchdachten, dem Arbeitsgang angepaßten Anlage.

Der Aufbau ist im allgemeinen folgender: im Erdgeschoß die Kühlvorrichtungen und Versandräume, im ersten Stock die automatischen Backöfen, im zweiten Stock die Teigteil- und Wirkanlagen nebst Vorgärschränken, im dritten Stock die Knetmaschinen und Gärräume für den Teig und im vierten Stock die automatischen Mehlwaagen und die übrige Mehlvorbereitung, sofern diese Teile der Anlage nicht im Kellergeschoß untergebracht werden, was auch häufig geschieht.

Schlußwort

Jahrtausende waren nötig, um den Back-Stein des ersten Menschen in langsamer Weitervervollkommnung zum selbsttätigen Dampfbackofen umzuwandeln und einen Backofen herzustellen, dem die elektrische Energie als Heizquelle dient. Der großangelegte Fabrikbetrieb einer neuzeitlichen Brotbäckerei mit seinen durch Dampfkraft und Elektrizität angetriebenen Maschinen hat nichts mehr mit der beschaulichen Bereitung des Hausbrotes längst vergangener Zeiten gemein. Alle technischen Fortschritte der Neuzeit, jede neuerworbene Erkenntnis auf dem Gebiete der industriellen Metallurgie und der praktischen Verwendung neuer Baumaterialien hat sich der moderne Backofenbau zunutze gemacht.

Abb. 155. Altfranzösische Bäckerei.

Der Abstand zwischen dem Backen eines Fladens aus grobgeschrotenem Korn in der heißen Asche eines Holzfeuers und der Massenherstellung von Gebäck in einer neuzeitlich eingerichteten Großbäckerei ist ein gewaltiger. Heute strebt die in allen Einzelheiten tiefdurchdachte Anordnung des Arbeitsganges, wie wir gesehen haben, danach, durch Verwendung möglichst vieler mechanischer Hilfsmittel die Handarbeit weitgehend auszuschalten.

Ich bin am Ende meiner Ausführungen, wenn auch die Entwicklung des Backofens indessen nicht stillstehen wird. Wenn es mir gelungen ist, den Bäcker zu überzeugen, daß es sich lohnt, in der Geschichte seines Handwerks und im besonderen in der Geschichte seines vornehmsten Werkzeuges, des Backofens, herumzusuchen und zu forschen, so bin ich zufrieden. Wenn ich dem, der sich für Kulturgeschichte interessiert, etwas Neues bringen konnte, so freut es mich. Manches mag ich nicht gefunden und angeführt haben, was dem und jenem Leser wichtig erscheint, aus mancher Quelle habe ich nicht schöpfen können, weil ich sie nicht kannte und nicht fand.

Abb. 156. Altfranzösischer Bäckerladen.

Vielleicht hat der oder jener in einem Fach oder einem Schrank ein Bild, eine Abhandlung, ein Buch aus alter Zeit, die Ergänzungen des vorliegenden Werkes bedeuten würden, dann heraus damit und an den Verfasser gesandt, damit die nächste Auflage des Buches um so vollkommener werde! Das Interesse an dem täglichen Brot und an allem, was mit seiner Herstellung zusammenhängt, kann und wird nicht erlöschen.

D. G. H. Zinken sagt im allgemeinen ökonomischen Lexikon schon 1753: „Brodt ist dasjenige Nahrungs-Mittel, welches unter allen von der göttlichen Güte zum Unterhalt des menschlichen Lebens erschaffenen Speisen die vornehmste, nothwendigste und beinahe unentbehrlichste ist, über welche sich der Segen des Höchsten dergestalt erstrecket, daß nicht nur die köstlichsten Speisen ohne Brodt nicht wohl, ja ohne Nachteil der Gesundheit genossen werden können, sondern auch, welches das hauptsächlichste, daß ein gesunder und desselben gewohnter Mensch nicht überdrüssig wird, ob er gleich sonst aller anderen Speisen, sie haben Namen wie sie wollen, müde und überdrüssig zu werden pfleget."

Literaturverzeichnis

Anonymus: Vom Brod-backen des klugen und rechtsverständigen Hauß-Vatters.

Alsberg, Moritz: Urgeschichte des Menschen.

Bauer, Leonh.: Volksleben im Lande der Bibel.

Benndorf, O.: Altgriechisches Brot. Eranos Vindobonensis. Wien 1893.

Benzinger, J.: Hebräische Archäologie.

Bersch, W.: Die Brotbereitung. Wien-Leipzig 1895.

Birnbaum, Th.: Das Brotbacken. Braunschweig 1878.

Blümner, Hugo: Technologie und Terminologie der Gewerbe und Künste bei Griechen und Römern. 1912.

Bodesohn und Wuster: Der Handwerker.

Boland, A.: Praktische Abhandlung der Bäckerei.

Boué, Ami: Die europäische Türkei.

Braungart, R.: Studien über germanischen Getreidebau.

Brockmann-Jerosch, H.: Die Nahrung der Pfahlbauer. Umschau 1920. Heft 18.

Derselbe: Die ältesten Nutz- und Kulturpflanzen. Vierteljahrsschrift der Naturf.-Ges. in Zürich 1917, Bd. 62, S. 90—93.

Bungartz, M. H.: Entwicklung der elektrischen Heizung von Backöfen aller Art. Zeitschrift für das gesamte Getreidewesen. 13. Jahrgang, Nr. 5/6.

Brucerius, W.: Über rationelle, rauchfreie Heizung von Backöfen. Journal für Gasbeleuchtung und Wasserversorgung. 1905, Nr. 17.

Byhan, A.: Die Polarvölker.

de Candolle-Goeze, E.: Der Ursprung der Kulturpflanzen. Leipzig 1884.

Ceramik, K.: Über eine prähistorische Ansiedlung bei der südlich gelegenen Ziegelhütte in Caslau, Böhmen. Zeitschr. f. Ethnologie 1889, Bd. 21.

Cnyrim, A.: Das Bäckereigewerbe der Neuzeit. Leipzig 1899, Verlag L. Jost.

Cronau, Rudolf: Amerika, Geschichte seiner Entdeckung von der ältesten bis auf die neueste Zeit.

Curcic, Vejsil: Rezente Pfahlbauten von Donja Dolina in Bosnien. Zeitschrift für österreichische Volkskunde. Ergänzungsheft IX. Bd. XIX.

Dachler, Anton: Die bäuerliche Beheizung in Frankreich. Mitteilungen der Anthropologischen Gesellschaft in Wien. Bd. XLIII.

Derselbe: Die Feuerungen der Juden im Zeitalter der Bibel und des Talmud.

Derselbe: Die Ausbildung der Beheizung bis ins Mittelalter. Berichte und Mitteilungen des Altertumsvereins zu Wien. Bd. XII.

Dèchelette, J.: Manuel d'archèologie prèhistorique. Bd. I, S. 344.

Diamalt-Aktien-Gesellschaft, München: D.D.G.-Bücher 1—9.

Driesmann, H.: Der Mensch der Urzeit. Kunde über Lebensweise, Sprache und Kultur des vorgeschichtlichen Menschen in Europa und Asien.

Dürr, L.: Ägyptische Pflanzen aus alter Zeit. Umschau 1901.

Ermann, A.: Ägypten und ägyptisches Leben im Altertum.

Evers, Carl: Die deutsche Bäckerei der Gegenwart. Nordhausen 1908.

Fischer, Emil: Die Küche der rumänischen Bauern. Archiv für Anthropologie. N. F. VIII. 1909.

Derselbe: Sind die heutigen Albaner die Nachkommen der alten Illyrier? Zeitschrift f. Ethnologie 1913, Bd. 45, S. 104.

Fleischer: Das Backofenbauwesen.

Forrer, Robert: Urgeschichte des Europäers von der Menschwerdung bis zum Anbruch der Geschichte.

Göll, Hermann: Kulturbilder aus Hellas und Rom.

Gradmann, Robert: Der Getreidebau im deutschen und römischen Altertum Jena 1909.

Guhl-Koner: Das Leben der Griechen und Römer.

Haberlandt, Arthur: Beiträge zur bretonischen Volkskunde. Zeitschrift für österreichische Volkskunde. Ergänzungsheft VIII. Bd. XVIII.

Haberlandt, M.: Die Kochkunst der Primitivvölker. Heft 2 des Vereins zur Verbreitung naturwissenschaftlicher Kenntnisse.

Hagelstange, Alfred: Süddeutsches Bauernleben im Mittelalter. Leipzig 1898.

Hammerstein, H. L.: Die Landwirtschaft der Eingeborenen Afrikas. Tropenpflanzer 1919, 2/3.

Heer, O.: Die Pflanzen der Pfahlbauten. Neujahrsblatt der Naturf.-Ges. 1866. Zürich 1865.

Derselbe: An die Züricher Jugend. Naturf.-Ges. 48. Stück.

Heyne, Moriz: Das deutsche Nahrungswesen. Fünf Bücher deutscher Hausaltertümer. Bd. 2. Leipzig 1901.

Hoops, Joh.: Reallexikon der germanischen Altertumskunde. Hahn, Ed., Straßburg 1914.

Husson, G.: Geschichte des Brotes.

Jeep, W.: Die Einrichtung und der Bau der Backöfen. Leipzig 1883.

Kickebusch, A.: Die altgermanische Siedelung von Lagardesmühlen. Zugleich ein Beitrag zur Geschichte des germanischen Backofens. Prähistorische Zeitschrift. VI.

Kist, L.: Indisches, Religion, Tempel und Feste der Hindu.

Körnicke, Fr. und Werner, H.: Handbuch des Getreidebaues. Berlin 1885.

Krämer, Hans: Der Mensch und die Erde. Bd. VII.

Krünitz, J. G.: Ökonomische Enzyklopädie.

Lange, Erwin: Die Systeme der Backöfen. Leipzig. Seemann & Co.

Lidinger, L.: Gofio. Kosmos 1921. Heft 3.

Liebenau, Th. v.: Das Gasthof- und Wirtshauswesen der Schweiz in älterer Zeit. Zürich 1896, S. 3.

Lieske: Brasilianische Studien.

Lippert, Julius: Des Menschen Nahrungssorgen, Wohnung und Kleidung. Das Wissen der Gegenwart. Bd. I.

Lund, W.: Volkstümliche Feuerstätten, Beleuchtungsmittel und Bautypen im norwegischen Bezirke Nordmöre — Wörter und Sachen. Bd. 7. 1921, S. 125.

Luther, Dr. Martin: Die heilige Schrift.

Malouin: Ausführliche Beschreibung der Müller-, Nudelmacher- und Bäckerkunst.

Maurizio, A.: Die Getreidenahrung im Wandel der Zeiten. Zürich 1916.

Derselbe: Verarbeitung des Getreides zu Fladen seit den urgeschichtlichen Zeiten. Anz. f. schweiz. Altertumskunde. N. F. 1916, Bd. 18, S. 22 ff.

Metzger, J.: Die europäischen Zerealien. Heidelberg 1824.

Meyer, Ed.: Geschichte des Altertums.

Moritzi: Flora der Schweiz 1874.

Müller-Lyer, F.: Phasen der Kultur oder Richtungslinien des Fortschritts. Soziologische Überblicke. München 1908, 55, 83 und 208.

Neumann, M. P.: Brotgetreide und Brot. Berlin 1914. Parey.

Nopsca, Baron Franz: Haus und Hausrat im katholischen Nordalbanien.

Orlich, L. v.: Indien und seine Regierung.

Otto, E.: Das deutsche Handwerk in seiner kulturgeschichtlichen Entwicklung.

Overbeck, J.: Pompeji.

Parkinson, Robert: 30 Jahre in der Südsee. Land und Leute, Sitten und Gebräuche im Bismarckarchipel und auf den deutschen Samoainseln.

Petter, F.: Dalmatien in seinen verschiedenen Beziehungen.

Plath, J. H.: Nahrung, Kleidung und Wohnung der alten Chinesen.

Plinius: Naturgeschichte. Nat. Hist. XVI, 15.

Pollak, J. C.: Persien und seine Bewohner.

Popp, H.: Urzeitliche Jagd. Kosmos 1921, Heft 1.

Poppe, M. v.: Geschichte aller Erfindungen und Entdeckungen.

Pusch, Franz: Das Bäckerbuch. Stuttgart 1901. Verlag Felix Krais.

Ranke, J.: Der Mensch.

Ratzel: Mitteilungen der Anthrop. Gesellschaft in Wien. Bd. XXII.

Reichard, C.: Neuestes Gemälde von Persien.

Reindel, Jos.: Die letzten Spuren urältesten Ackerbaus in Südbayern. Naturwissenschaftliche Wochenschrift. Halle 1906, 23.

Reindl, Jos.: Umschau 1906. 610.

Reinerth, Hans: Das Federseemoor. Pfahlbauten am Bodensee.

Reinhardt, Ludwig: Vom Nebelfleck zum Menschen. Der Mensch zur Eiszeit in Europa und seine Kulturentwicklung bis zum Ende der Steinzeit. München 1906. Verlag Reinhardt.

Reuleaux, F.: Das Buch der Erfindungen, Gewerbe und Industrien. Verlag O. Spamer, Berlin 1886.

Rhamm, K.: Urzeitliche Bauernhöfe im germanisch-slawischen Waldgebiet.

Rütimeyer, L. Ur-Ethnographie der Schweiz. 1924.

Schmidt, C. H.: Das deutsche Bäckerhandwerk.

Schneeweis: Volksnahrung im Plivatal.

Schnittgen, B.: Einige vorgeschichtliche Brotfunde aus Schweden. Prähistorische Zeitschrift IV.

Schrader, O.: Reallexikon der indogermanischen Altertumskunde.

Schröter, C.: Die Pflanzenreste aus der neolithischen Landesansiedelung von Butmir. Wien 1895.

Schübeler, F. C.: Die Kulturpflanzen Norwegens. Christiania 1862.

Schultz, Alwin: Deutsches Leben im 14. und 15. Jahrhundert. Leipzig-Wien 1892.

Schwartz, August: Praktische Anleitung zur Einrichtung allgemeiner Backöfen. Karlsruhe 1831.

Seler, Cäcilie: Auf alten Wegen in Mexiko und Guatemala usw. Berlin 1900. 82.

Sellin, E.: Eine Nachlese auf dem Tell Ta'anak. Denkschrift der Wiener Akademie der Wissenschaften.

Steffen, M.: Die Landwirtschaft bei altamerikanischen Kulturvölkern. Leipzig 1883.

Steinhausen, Georg: Germanische Kultur in der Urzeit.

Stern, B.: Ägyptische Kulturgeschichte im Altertum.

Stoll, H. W.: Bilder aus altgriechischem und altrömischem Leben.

Struntz, Fr.: Allgemeine deutsche Bäcker- und Konditorzeitung 1907, Nr. 2.

Thiel, C.: Uralter Ackerbau im Alpenlande. Landwirtschaftliche Jahrbücher. Berlin 1897.

Thiersch: Jahrbuch des Kaiserlich deutschen Archäolog. Instituts, 1907—10.

Tröltsch, E. v.: Die Pfahlbauten des Bodenseegebietes. Stuttgart. Verlag Ferdinand Enke.

Voit: Faßliche Beschreibung der gemeinnützigen Künste und Handwerke. Nürnberg 1798.

Wachter, W.: Das Feuer.

Wagner, M. L.: Das ländliche Leben Sardiniens im Spiegel der Sprache, S. 60.

Wagner Rudolf: Stein der Weisen. Berlin 1910.

Waldheim, Hella Schürer v.: Zur Geschichte und Verbreitung des Fladenbrotes in Europa. Zeitschr. f. österr. Volkskunde. XX. Jahrg. 1914. 1.—2. Heft.

Wittmack, W.: Zeitschrift für Anthropologie. Berlin 1880, XII, 86.

Woenig, Franz: Die Pflanzen im alten Ägypten. 2. Aufl. Leipzig 1886.

Zeitschrift für das gesamte Getreidewesen. 5. Jahrgang.

Ziebarth: Kulturbilder aus griechischen Städten.

Namen- und Sachregister

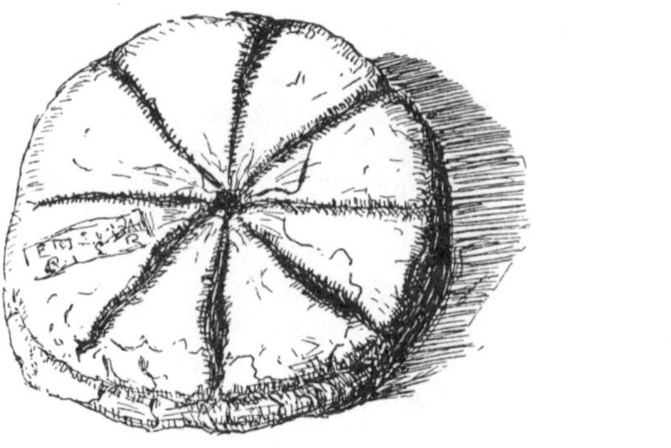

Ein fast 2000 Jahre altes Brot aus Pompeji.